第五代固定网络（F5G）全光网技术丛书

全光接入网架构与技术

顾华玺 罗勇 ◎ 编著

清華大学出版社

北京

内 容 简 介

本书是"第五代固定网络(F5G)全光网技术丛书"中的一个分册,系统介绍了全光接入网的架构与技术。全书以接入网发展趋势和面临的挑战为切入点,引出下一代接入网"F5G全光接入网",提出了全新的 F5G 全光接入网架构,然后围绕该架构关键特征,介绍全光接入网相关技术基础以及如何规划设计全光接入网基础网络和业务,并系统阐述了全光接入网自动化和智能化应用,最后对全光接入网演进方向和未来进行了展望。

本书结构清晰,内容新颖,图文并茂,深入浅出,可作为接入网规划、设计、运维工程师等从业人员学习全光接入网规划设计和工程部署的参考用书,也可作为网络技术爱好者及高等学校在校学生学习和了解全光接入网络架构关键技术的学习参考书。

图书在版编目(CIP)数据

全光接入网架构与技术/顾华玺,罗勇编著.—北京:清华大学出版社,2022.3(2025.4重印)
(第五代固定网络(F5G)全光网技术丛书)
ISBN 978-7-302-60226-2

Ⅰ. ①全… Ⅱ. ①顾… ②罗… Ⅲ. ①光纤通信－宽带通信系统－接入网－架构
Ⅳ. ①TN915.62

中国版本图书馆 CIP 数据核字(2022)第 033365 号

责任编辑:刘　星
封面设计:刘　键
责任校对:郝美丽
责任印制:杨　艳

出版发行:清华大学出版社
  网　　址:https://www.tup.com.cn, https://www.wqxuetang.com
  地　　址:北京清华大学学研大厦 A 座   邮　　编:100084
  社 总 机:010-83470000   邮　　购:010-62786544
  投稿与读者服务:010-62776969, c-service@tup.tsinghua.edu.cn
  质量反馈:010-62772015, zhiliang@tup.tsinghua.edu.cn
  课件下载:https://www.tup.com.cn,010-83470236
印 装 者:涿州市般润文化传播有限公司
经　　销:全国新华书店
开　　本:186mm×240mm 印　张:11.25   字　　数:201 千字
版　　次:2022 年 4 月第 1 版   印　　次:2025 年 4 月第 3 次印刷
印　　数:3001～3300
定　　价:79.00 元

产品编号:089457-01

FOREWORD

序　　一

在 1966 年高琨博士关于光纤通信的论文所开拓的理论基础上，1970 年美国康宁公司研制出世界上第一根光纤，从 1970 年到现在过去了半个多世纪，光纤通信覆盖五大洲四大洋并进入亿万百姓家庭，光纤通信起到了信息基础设施底座的重要作用。中国光纤通信后来居上，已成为全球光纤渗透率最高的国家，中国的千兆接入走在国际前列，国内光通信企业产品在全球市场占有率居首位，支撑数字中国的发展并将全球连接在一起成为地球村。

现在光纤通信的发展仍在加速，数字经济的发展持续提升网络带宽的需求，推动光纤通信技术的进步，光纤通信容量以 20 年几乎千倍的速度在增加，目前单纤通信容量可达 Tb 级别，不过仍然未达到光纤通信容量的理论极限，还有很大的发展空间。在宽带化基础上，光纤通信向着全光化、网络化、智能化、可编程、安全性发展。仿照移动通信发展的代际划分，将光传送技术发展分为多模系统、PDH、SDH、WDM 和全光网几个阶段；光接入网技术也有类似的划分，例如 PSTN、ADSL、VDSL、PON、10G PON。在中国电信、华为、中国信通院、意大利电信、葡萄牙电信等企业的共同倡议下，2020 年 2 月欧洲电信标准协会（ETSI）批准成立第五代固定网络（the Fifth Generation Fixed Network，F5G）产业工作组。F5G 将以全光连接（支持 10 万连接/km²）、增强固定宽带（支持千兆家庭、万兆楼宇、T 级园区）、有保障的极致体验（支持零丢包、微秒级时延、99.999% 可用率）作为标志性特征，或者说相比现在的光网络要有带宽的十倍提升、连接数的十倍增长，以及时延缩短为原来的十分之一。2020 年 5 月在华为全球分析师大会期间，中国宽带发展联盟、华为公司、葡萄牙电信公司等共同发起 F5G 全球产业发展倡议，得到广泛响应。可以说，F5G 标志着光网络技术进入新时代。

华为公司积累了多年在光纤通信传送网技术研究、产品开发、组网应用、工程开通和运营支撑及人员培训方面的经验，联合光纤通信领域的高校教师共同编写了《全光传送网架构与技术》《全光接入网架构与技术》《全光自动驾驶网络架构与实现》《全光家庭组网与技术》这四本书，其特点如下：

- 从传输的横向维度看，覆盖了家庭网、园区网、城域网和核心网，除了不含光纤光缆技术与产品的介绍外，新型的光传输设备应有尽有，包括 PON（无源光网络）、ROADM（动态分插复用器）、OXC（光交叉连接）、OTSN（光传输切片网）等，集光通信传送网技术之大全，内容十分全面。

- 从网络的分层维度看，现代光网络已经不仅仅是物理层的技术。本丛书介绍了与光网紧密耦合的二层技术，如 VXLAN（虚拟化扩展的局域网）、EVPN（基于以太网的虚拟专网），以及三层技术，如 SRv6（基于 IPv6 的分段选路）等，此外对时钟同步技术也有专门的论述。

- 从光网络的管控系统看，现代光网络不仅需要提供高带宽的数据传送功能，还需要有高效的管理调度功能。《全光自动驾驶网络架构与实现》一书介绍了如何结合云计算和人工智能技术实现业务开通、资源分配、运维管理和故障恢复的自动化，借助汽车自动驾驶的理念，希望通过智能管控对光网络也能自动驾驭，满足对光传送业务的快速配置、高效提供、可靠传输、智能运维。

这四本书有很强的网络总体概念，从网络架构引出相关技术与设备，从网络与业务的规划设计出发说明相关设备如何组网，从运维管理视角解释如何提升光传送网的价值。以一些部署案例展现成功实践的经验体会，并针对未来社会对网络的需求来探讨全光网技术发展趋势。图书的作者为高校教师和华为光网络团队专家，他们有着丰富的研发与工程实践经验以及深刻的技术感悟，写作上以网络技术为主线而不是以产品为主线，力求理论与实践紧密结合。这些书面向光网时代，聚焦热点技术，内容高端实用，解读深入浅出，图书的出版将对 F5G 技术的完善和应用的拓展起到积极的推动作用。现在 F5G 处于商用的初始阶段，离预期的目标还有一定的距离，期待更多有志之士投身到 F5G 技术创新和应用推广中，为夯实数字经济发展的基石做出贡献。

中国工程院院士

2022 年 1 月

FOREWORD

序 二

自从高锟在 1966 年发表了光纤可以作为通信传输媒介的著名论断,以及 1970 年实际通信光纤问世以来,光通信的发展经历了翻天覆地的变化,除了光纤和光器件一代一代地不断创新和升级发展外,从光网络的角度,各个领域也经历了多代技术创新。

- 从传送网领域看,经历了以模拟通信和短距离数据通信系统为代表的第一代传送网,以异步的准同步数字体系(PDH)系统为代表的第二代传送网,以同步数字体系(SDH)系统为代表的第三代传送网,以及以光传送网/波分复用(OTN/WDM)系统为代表的第四代传送网的变化,目前以可重构光分插复用器/光交叉连接器(ROADM/OXC)为代表的第五代传送网已经迈入大发展阶段。
- 从接入网领域看,也同样经历了多代技术的创新,目前已经进入了以 10/50Gb/s 速率为基本特征的无源光网络(PON)阶段。
- 从用户驻地网领域看,那是一个应用范围、业务需求、传输媒质、终端数量和形态差异极大的多元化开放市场,以光纤到屋(FTTR)为代表的光网络解决方案正逐渐崛起,成为该领域重要的新生力量,具有很好的发展远景。

几十年来光网络容量提升了几十万倍,同期光网络比特成本也降为了几十万分之一。除了巨大的可用光谱和超大容量外,光网络的信道最稳定、功耗最低、电磁干扰最小、可用性最高,这些综合因素使得光网络成为电信网的最佳承载技术,造就了互联网、移动网和云计算蓬勃发展的今天。随着光网络的云化和智能化,以自动驾驶自治网为标记的随愿网络正在襁褓之中,必将喷薄而出,将光网络带入一个更高的发展阶段,成为未来云网融合时代最坚实的技术底座,为新一代的应用,诸如 AR/VR、产业互联网、超算机等提供可能和基础。简言之,光网络在过去、现在、将来都是现代信息和数字时代发展不可或缺的、最可靠的、最强大的基础设施。

"第五代固定网络(F5G)全光网技术丛书"中的《全光传送网架构与技术》《全光接入网架构与技术》《全光自动驾驶网络架构与实现》《全光家庭组网与技术》这四本书,

全面覆盖了上述各个领域和不同发展阶段的基本知识、架构、技术、工程案例等，是高校教师和华为光网络团队专家多年技术研究与大量工程实践经验的综合集成，图书的出版有助于读者系统学习和了解全光网各个领域的标准、架构、技术、工程及未来发展趋势，从而全面提升对于全光网的认识和管理水平。这些书适合作为信息通信行业，特别是光通信行业研究、规划、设计、运营管理人员的学习和培训材料，也可以作为高校通信、计算机和电子类专业高年级本科生和研究生的参考书。

韦乐平

工业和信息化部通信科技委常务副主任

中国电信科技委主任

2022 年 1 月

FOREWORD

序　　三

　　三生有幸,赶上改革开放,得以攻读硕士学位、博士学位,迄今从事了43年的光通信与光电子学的科学研究和高等教育,因此也见证了近半个世纪通信技术的发展和中国通信业的由弱变强。

　　改革开放的中国,电信业经历过一段高速发展的时期。我在1997年应邀为欧洲光通信会议(ECOC,1997,奥斯陆)所作大会报告中,引用了当年邮电部公布的一系列数据资料,向欧洲同仁介绍中国电信业的飞速发展。后来又连续多年收集数据,成为研究生课堂的教学素材。

　　从多年收集的数据来看,20世纪的整个90年代,中国电信业的年增长率都保持在33%～59%,创造了奇迹的中国电信业,第一次在世界亮相的舞台是1999年日内瓦国际电信联盟(ITU)通信展。就在这个被誉为"电信奥林匹克"的日内瓦通信展上,中国的通信企业,包括运营商(中国电信、中国移动、中国联通)和制造商(华为、中兴等)都是首次搭台参展。邮电部也组团参加了会议、参观了展览,我有幸成为其中一名团员。

　　邮电部代表团住在中国领事馆内。早晨在领事馆的食堂用餐时,有人告诉我,另一张餐桌上,坐着的是华为的总裁任正非。一个企业家,参加行业的国际展,不住五星级酒店,而是在领事馆食堂吃稀饭、油条,俨然创业者的姿态,令人肃然起敬。

　　因为要为华为公司组织编写的"第五代固定网络(F5G)全光网技术丛书"中的《全光传送网架构与技术》《全光接入网架构与技术》《全光自动驾驶网络架构与实现》《全光家庭组网与技术》写序,于是回想起这些往事。

　　又过了数年,21世纪初,我以北京邮电大学校长身份出访深圳,拜会市长,考察通信和光电子行业颇具影响力的三家企业:华为、中兴和飞通。

　　那时的华为,已经显现出腾飞的态势。任正非先生不落俗套,为节省彼此时间,与我站在职工咖啡走廊里一起喝了咖啡,随后就请助手领我去考察生产车间。车间很大,要乘坐电瓶车参观。"这是亚洲最大的电信设备生产车间",迄今,我仍然记得当时驾车陪同参观的负责人的解说词。

再后来,华为的销售额完成了从 100 亿元到 1000 亿元的增长,又走过从 1000 亿元到 8000 亿元的成长历程。在我担任北京邮电大学校长的十年中,华为一直在高速发展。我办理退休了,也一直感受到华为在国际上的声望越来越高,华为的产品销往了世界各地,研发机构也推延到了海外。

经济在腾飞,高等教育和科技工作也在同步前进。进入 21 世纪的第二个十年,中国在通信领域的科研论文、技术专利数量的增加和质量的提高都是惊人的。连续几年,ECOC 收到的来自中国的论文投稿数量,不是第一,就是第二。于是,会议的决策机构——欧洲管理委员会(EMC)在 2015 年决定,除美国、日本、澳大利亚之外,再增加一名中国的"国际咨询委员"。很荣幸,我收到了这份邀请。

2016 年,第 42 届 ECOC 在德国杜塞尔多夫举行。在会议为参会贵宾组织的游轮观光晚宴上,我遇见华为的刘宁博士,他已经是第二年参加 ECOC,并且担任了技术程序委员会(TPC)的委员,参加审阅稿件和选拔论文录用的工作。在 EMC 的总结会议上,听到会议主席说"投稿论文数量,中国第一""大会的钻石赞助商:华为"。一种自豪的情绪,在我心里油然而生。

在 ECOC 上,常常会碰到来自英国、美国、日本等国家的通信与光电子同行。在瑞典哥德堡会议上,遇见了以前在南安普顿的同事泡尔莫可博士,他在一家美国公司做销售。我对他说,在中国,我可没有见到过你们的产品。他说:"中国有华为。"说得我们彼此都笑了。

能在 ECOC 第一天上午的全体大会上作报告,在光通信行业是莫大的荣耀。以前的报告者,常常是欧洲、美国、日本的著名企业家。2019 年的 ECOC,在爱尔兰的都柏林举行,全体大会报告破天荒地邀请了两位中国企业家作报告:一位来自华为;另一位来自中国移动。

《全光传送网架构与技术》《全光接入网架构与技术》《全光自动驾驶网络架构与实现》《全光家庭组网与技术》初稿是赵培儒先生和张健博士送到我办公室的。书稿由高校教师和华为研发一线工作多年的工程师联合编写。他们论学历有学历,论经验有经验。在开发商业产品的实践中,了解技术的动向,掌握行业的标准,对商业设备的参数指标要求也知道得清清楚楚。这些书对于光通信和光电子学领域的大学教师、硕士和博士研究生、企业研发工程师,都是极好的参考资料。

这些书,是华为对中国光通信事业的新的贡献。

感谢清华大学出版社的决策,进行图书的编辑和出版。

北京邮电大学 第六任校长

中国通信学会 第五、六届副理事长

欧洲光通信会议 国际咨询委员

2022 年 1 月

FOREWORD
序　　四

　　每一次产业技术革命和每一代信息通信技术发展,都给人类的生产和生活带来巨大而深刻的影响。固定网络作为信息通信技术的重要组成部分,是构建人与人、物与物、人与物连接的基石。

　　信息时代技术更迭,固定网络日新月异。漫步通信历史长河,100多年前,亚历山大·贝尔发明了光线电话机,迈出现代光通信史的第一步;50多年前,高锟博士提出光纤可以作为通信传输介质,标志着世界光通信进入新篇章;40多年前,世界第一条民用的光纤通信线路在美国华盛顿到亚特兰大之间开通,开启光通信技术和产业发展的新纪元。由此,宽带接入经历了以PSTN/ISDN技术为代表的窄带时代、以ADSL/VDSL技术为代表的宽带/超宽带时代、以GPON/EPON技术为代表的超百兆时代的飞速发展;光传送也经历了多模系统、PDH、SDH、WDM/OTN的高速演进,单纤容量从数十兆跃迁至数千万兆。固定网络从满足最基本的连接需求,到提供4K高清视频体验,极大地提高了人们的生活品质。

　　数字时代需求勃发,固定网络技术跃升,F5G应运而生。2020年2月,ETSI正式发布F5G,提出了"光联万物"产业愿景,以宽带接入10G PON + FTTR(Fiber to the Room,光纤到房间)、Wi-Fi 6、光传送单波200G + OXC(全光交换)为核心技术,首次定义了固网代际(从F1G到F5G)。F5G一经提出即成为全球产业共识和各国发展的核心战略。2021年3月,我国工业和信息化部出台《"双千兆"网络协同发展行动计划(2021—2023年)》,系统推进5G和千兆光网建设;欧盟也发布了"数字十年"倡议,推动欧洲数字化转型之路。截至2021年底,全球已有超过50个国家颁布了相关数字化发展愿景和目标。

　　F5G是新型信息基础设施建设的核心,已广泛应用于家庭、企业、社会治理等领域,具有显著的社会价值和产业价值。

（1）F5G是数字经济的基石，F5G强则数字经济强。

F5G构筑了家庭数字化、企业数字化以及公共服务和社会治理数字化的连接底座。F5G有效促进经济增长，并带来一批高价值的就业岗位。比如，ITU（International Telecommunication Union，国际电信联盟）的报告中指出，每提升10%的宽带渗透率，能够带来GDP增长0.25%～1.5%。中国社会科学院的一份研究报告显示，2019—2025年，F5G平均每年能拉动中国GDP增长0.3%。

（2）F5G是智慧生活的加速器，F5G好则用户体验好。

一方面，新一轮消费升级对网络性能提出更高需求，F5G以其大带宽、低时延、泛连接的特征满足对网络和信息服务的新需求；另一方面，F5G孵化新产品、新应用和新业态，加快供给与需求的匹配度，不断满足消费者日益增长的多样化信息产品需求。以FTTR应用场景为例，FTTR提供无缝的全屋千兆Wi-Fi覆盖，保障在线办公、远程医疗、超高清视频等业务的"零"卡顿体验。

（3）F5G是绿色发展的新动能，F5G繁荣则千行百业繁荣。

光纤介质本身能耗低，而且F5G独有的无源光网络、全光交换网络等极简架构能够显著降低能耗。F5G具有绿色低碳、安全可靠、抗电磁干扰等特性，将更多地渗透到工业生产领域，如电力、矿山、制造、能源等领域，开启信息网络技术与工业生产融合发展的新篇章。据安永（中国）企业咨询有限公司测算，未来10年，F5G可助力中国全社会减少约2亿吨二氧化碳排放，等效种树约10亿棵。

万物互联的智能时代正加速到来，固定网络面临前所未有的历史机遇。下一个10年，VR/AR/MR/XR用户量将超过10亿，家庭月平均流量将增长8倍达到1.3Tb/s，虚实结合的元宇宙初步实现。为此，千兆接入将全面普及、万兆接入将规模商用，满足超高清、沉浸式的实时交互式体验。企业云化、数字化转型持续深化，通过远程工业控制大幅提高生产效率，需要固定网络进一步延伸到工业现场，满足工业、制造业等超低时延、超高可靠连接的严苛要求。

伴随着千行百业对绿色低碳、安全可靠的更高要求，F5G将沿着全光大带宽、多连接、极致体验三个方向持续演进，将光纤从家庭延伸到房间、从企业延伸到园区、从工厂延伸到机器，打造无处不在的光连接（Fiber to Everywhere）。F5G不仅可以用于光通信，也可以应用于通感一体、智能原生、自动驾驶等更多领域，开创无所不及的光应用。

　　"第五代固定网络(F5G)全光网技术丛书"向读者介绍了 F5G 全光网的网络架构、热门技术以及在千行百业的应用场景和实践案例。希望产业界同仁和高校师生能够从本书中获取 F5G 相关知识,共同完善 F5G 全光网知识体系,持续创新 F5G 全光网技术,助力 F5G 全光网生态打造,开启"光联万物"新时代。

华为技术有限公司常务董事

华为技术有限公司 ICT 基础设施业务委员会主任

2022 年 1 月

PREFACE
前　言

固定网络和移动网络两大产业均始于模拟信号时代的 20 世纪 80 年代。四十多年来，移动通信从 1G 发展到 5G，固定宽带也从 F1G(64kb/s)窄带时代，走向当下以 10G PON、Wi-Fi 6 等技术为基础的 F5G 千兆超宽时代。建设一张"千兆光宽＋千兆 5G 网"的双千兆基础网络，可向下联百业，向上入专云，为数字经济发展和行业数字化转型提供肥沃土壤。2021 年 3 月，工信部出台了《"双千兆"网络协同发展行动计划(2021—2023 年)》，为"双千兆"网络的建设蓝图提供了明确指导。千兆光网的建设与发展在按下快进键的同时，也带来了全新的挑战。接入网朝着家庭宽带高品质和千行百业数字化转型发展，带来了业务、体验、运营等方面的持续创新。接入网带宽经营转向体验经营，宽带业务的敏捷性和网络运营效率成了接入网发展的突出问题。

千兆 F5G 全光接入网和千兆 5G，将给传统企业带来生产方式、经营管理的数字化变革，催生诸多新模式、新生态，带动工业互联网、智能制造、智慧城市、智能家居等各个领域的创新创业，为赋能经济社会数字化转型注入新动力。从满足人民美好生活需求看，"双千兆"网络和每个人都息息相关，网络更快了，能力更强了，连接更便捷了。在线会议、视频直播拉近了人与人之间的距离；直播带货、线上销售、VR 应用丰富了人们的消费方式；在线教育、远程医疗让高质量的公共服务随时可得。无处不在的高速网络和快速发展的新业务、新应用正改变着人们的生活。

迈向万物互联的智能时代，F5G 和 5G 将共同构建智能世界的连接基石，二者互为补充，协同发展。我们希望能够不断探索新的应用场景和技术，助力产业的持续发展和繁荣，为 F5G 固定网络产业的繁荣做出更多贡献。

本书从接入网发展趋势和面临的挑战为切入点，把握当代全光接入网技术的发展脉搏，引出了下一代接入网——"F5G 全光接入网"的总体架构以及价值特征，帮助读者了解"F5G 全光接入网"的总体架构和关键特征，然后围绕全光接入网架构，介绍全光接入网的关键技术及规划设计，使读者加深对其理解。

　　编者在写作过程中参考了大量行业资料、论文和相关书籍，将理论和实践有机结合，进行未来全光接入网的架构探索，层层递进地进行了详细的阐述和透彻的分析。 希望读者能够通过本书掌握全光接入网的架构与技术，从而更好地进行全光接入网相关工作和技术研究。

　　本书的读者对象如下：

- 规划设计院工程师：通过学习本书可以了解 F5G 全光接入网架构与技术，更好地完成全光接入网络的规划设计。
- 运营商客户：从事接入网络规划建设和维护的工程师，通过学习本书可以了解全光接入网架构和技术，更好地进行网络规划和维护。
- 高等院校学生：通过学习本书，毕业后可以从事接入网络相关工作，应聘设计院、通信企业网络设计和维护工程师等方向。
- 网络技术爱好者：对全光接入网络感兴趣的人员，可了解下一代接入网络关键技术和未来发展方向。

　　本书主要由顾华玺、罗勇编写，参与编写的人员还有余晓杉、魏雯婷、熊宇、曹定波、陈亮、陈颖、黄世魁、郑刚、迟菲、普云、卿立军、何伯勇、王卫、翟桢娟、周湖喜。

　　限于编者的水平和经验，加之时间比较仓促，书中疏漏或者错误之处在所难免，敬请读者批评指正。

编者

2022 年 1 月

CONTENTS

目 录

第 1 章

什么是全光接入网

1.1 接入网趋势与挑战

固定宽带进入第五代固网(the Fifth-Generation Fixed Network,F5G)新时代,千兆光网进入国家"十四五"规划,接入网朝着家庭宽带高品质和千行百业数字转型发展,带来了业务、体验、运营等方面的持续创新。

1.1.1 业务趋势:家庭宽带高品质升级,企业加速全面上云

家庭宽带业务推陈出新,朝更高品质不断升级。

(1) 视频从高清 4K 到 8K,解析度更高,动态范围更大。

(2) 虚拟现实(Virtual Reality,VR)的沉浸式体验更加真实。

(3) 在线游戏/教育等实时交互型业务越来越普遍。

(4) 全屋智能连接的终端越来越多,多点位并发成常态。

未来全息全感业务逐步成为现实。同时企业加速上云,未来 3 年预计新增 3000 万家企业上云。疫情促使远程办公等成为常态,企业也在加速数字化转型。

同时,随着人们生活水平日益提高,人们对信息生活品质的要求也逐步提升。78%的用户愿意为宽带体验改善付费,51%以上的用户愿意付费 10 元/月以上。如图 1-1 所示,运营商逐步从带宽经营向体验经营转型,为宽带用户提供更精准、更个性化的体验保障,如教育宽带、游戏宽带、办公宽带等。

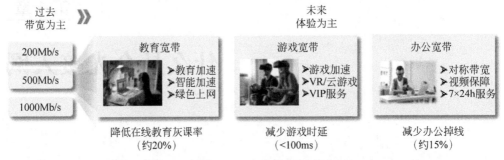

图 1-1　高品质业务、个性化服务体验经营

1.1.2　行业趋势：光纤延伸千行百业，使能行业数字化转型

交通、医疗、能源、制造、矿山等千行百业加速行业数字化转型，通过引入信息通信技术（Information and Communication Technology，ICT）持续提升各行业生产效率和质量。光纤就像"健壮的毛细血管"一样不断向末梢延伸，光接入作为基础设施将会进一步扩展到千行百业，成为光联万物的基石。无源光网络（Passive Optical Network，PON）技术发挥极简架构、绿色节能、可靠稳定等优势，从客厅延伸到每个房间，延伸到桌面、机器，逐步实现光联万物。

1.1.3　产业趋势：接入网迈入 F5G 时代，开始数智化转型

固定接入网络的发展，以业务需求驱动，以技术发展作为支撑，如图 1-2 所示，经历了以公共交换电话网络（Public Switched Telephone Network，PSTN）/综合业务数字网（Integrated Services Digital Network，ISDN）接入技术为代表的窄带时代（64kb/s）、以非对称数字用户线路（Asymmetric Digital Subscriber Line，ADSL）接入技术为代表的宽带时代（2Mb/s）、以超高速数字用户线路（Very-high-data-rate Digital Subscriber Line，VDSL）接入技术为代表的超宽时代（20Mb/s）、以千兆比特无源光网络（Gigabit-capable Passive Optical Network，GPON）/以太网无源光网络（Ethernet Passive Optical Network，EPON）接入技术为代表的百兆超宽时代（100Mb/s），目前迈入以 10Gb 无源光网络（10 Gigabit Passive Optical Network，10G PON）技术为基础的第五代固定网络（F5G），进入以 Cloud VR 为典型应用的千兆超宽时代。固定宽带网络与移动通信网络协同发展，共同推进了信息社会高速发展，从过去的提供宽带普遍服务"改变生活"到目前逐步使能千行百业数字化"改变社会"。

2020 年 2 月 25 日,欧洲电信标准协会(European Telecommunications Standards Institute,ETSI)面向全球宣布成立 F5G 产业工作组,提出了从"光纤到户"迈向"光联万物(Fiber to Everywhere)"的产业愿景,标志着 F5G 时代大幕正式开启。

F5G 概念自提出以来,得到了业界广泛关注并迅速得到认可,截至 2020 年年底,成员数已超过 40 家。F5G 为新一代光纤网络的统一规范化搭建了良好的平台,减少了不必要的碎片化私有规范。

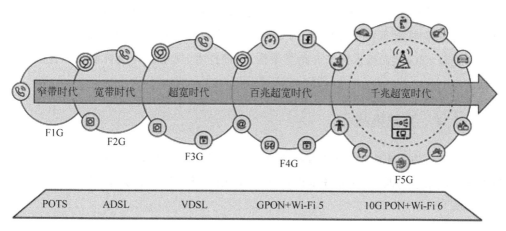

图 1-2　通信技术的代际演进

（1）F1G(窄带时代)：第一代固定网络起源于电话网络,以语音为主要业务,以 PSTN 为技术支撑,典型带宽为 64kb/s。

（2）F2G(宽带时代)：第二代固定网络开始步入宽带时代,以上网冲浪和电子邮件为业务为代表,主要技术支撑是 ADSL,典型带宽为 2Mb/s。

（3）F3G(超宽时代)：第三代固定网络从 2005 年开始,通过引入 VDSL 等技术持续提速,可以支撑视频等新业务形式,典型带宽为 20Mb/s。

（4）F4G(百兆超宽时代)：第四代固定网络以基于 GPON 和 EPON 技术的全光接入光纤到家庭(Fiber to the Home,FTTH)为典型建网模式,逐步构建起一张面向未来长期演进的光纤基础网络,提供 100Mb/s 接入能力。与前三代基于铜线接入或"光纤＋铜线"接入的固定网络不同,F4G 第一次全面进入了以光纤为主要媒介的发展时期,揭开了光联家庭时代的大幕。全光接入已经成为产业共识,固定网络的未来是全光接入。

（5）F5G(千兆超宽时代)：第五代固定网络以 10G PON 技术为基础,具备全光连接、超高带宽、极致体验 3 大关键能力,提供 1Gb/s 的千兆超宽接入,通过引入人工智能(Artificial Intelligence，AI)、大数据等打造接入网智能数据底座，强化用户体验主动管理能力，实现基于规模的价值经营，成为高质量发展和拓展新机会点的关键锚点，可以完美支持以 Cloud VR 为代表的新兴业务。在 F5G 的产业周期内，丰富的新业务，如 VR 视频、游戏、教育、医疗，高可靠低时延的物联网(Internet of Things，IoT)应用如智慧工厂机器控制、智慧家庭终端控制，以及各行业的超高速园区网和企业云专线业务将蓬勃发展。

F4G 时代已经是全光接入，与 F4G 相比，F5G 光纤带宽提高为原来的 10 倍，并且具有超高可靠性、超低时延等优势，为千行百业提供高品质连接，加速数字化转型。本书主要围绕 F5G 全光接入网来介绍其架构、关键技术、规划设计及自动化和智能化应用等。

1.1.4　关键挑战

随着宽带渗透率饱和，业务多样化高品质发展，PON 延伸至千行百业，传统接入网在千兆网络能力匹配、新业务敏捷快速上线、用户体验主动高效运营等方面还存在较大挑战。

1. 挑战 1：新业务需更高网络品质，千兆带宽≠千兆体验

虽然多数宽带用户速率已普遍提升，中国千兆用户年复合增长率达到 500%。但千兆带宽≠千兆体验，宽带体验问题依然存在。

某在线教育直播平台调研数据显示视频灰课率为 20%～30%，某省份调研数据显示 IPTV 等直播视频卡顿率为 1%～5%。VR/云游戏等强交互、高清视频类应用的发展，对网络带宽、时延、丢包率等提出了更高要求，如云 VR/AR 需要 100Mb/s～1Gb/s 带宽，云游戏除了带宽外还要求网络时延/抖动小于 8ms。同时随着智慧家庭发展，家庭中带 Wi-Fi 功能的终端增多，组网日益复杂，难以满足用户随时随地 Wi-Fi 覆盖的诉求。多省运营商数据显示，宽带投诉问题 60% 以上来源于家庭网络。

随着光纤延伸到千行百业，对 PON 网络稳定低时延、高可靠性、云网融合等提出了更高的要求。如智能工厂场景，生产网要求时延小于 2ms，工业现场要求时延小于 10μs，同时要求办公和生产网等相互之间可隔离，独立运维管理。行业数字化对云网融合及边缘计算等提出新的要求。

2. 挑战 2：网络敏捷性不足，难以匹配业务快速变化

业务的灵活多变要求更快地上市、安装和发放，业务的敏捷生成、敏捷发放成为运营商竞争力的核心要素。

一方面要求业务处理和网络容量可以单独快速伸缩，承载和业务处理能够分离。当前接入网的转发、服务质量（Quality of Service，QoS）、上行口基本上和 PON 线路绑定，无法自组网实现动态共享和扩容。

另一方面首先要求业务处理能够灵活编排，快速生成（从数月到两周）。其次要求网络管道可编程，能够实现业务对管道诉求的自动化订阅，从而实现业务的快速开通（小时级）和自动化发放、自助订阅（分钟级）。

3. 挑战 3：千兆光网新形势下，运营效率有待持续提升

随着宽带渗透率饱和，如何主动管理用户体验是存量用户保有关键锚点。同时随着业务高品质和行业数字化转型，新业务快速孵化对运营商运营效率提出更高要求。

Gartner 调查显示用户投诉问题只占用户网络质量差问题的 5%，当前被动运维管理模式，用户体验和满意度很难得到保障，运维人员上门排障时间长成本高。同时由于无法提前获知用户可能需求，如是否需升级千兆、是否需 Wi-Fi 组网、是否是教育宽带潜在客户，导致多为被动营销且营销成功率低。

同时运营商开始扩展 PON 到千行百业，传统的网络因质量不可视、路径不可控等原因难以实现多业务多等级服务水平协议（Service Level Agreement，SLA）可承诺，无法匹配行业场景下 SLA 的高要求，需要引入 AI 和大数据等技术来提升效率和拓展服务边界。

1.2 全光接入网概述

1.2.1 全光接入网简介

F5G 全光接入网相对于上一代光接入网络，可以提供十倍的千兆接入带宽、百倍的光纤稳定连接、微秒级超低时延的极致体验特性，是支撑万物互联时代网络强国建

设的重要一翼。如图 1-3 所示,F5G 全光接入网就像"健壮的毛细血管"一样不断向末梢延伸,从家庭延伸到园区、桌面、机器,实现光联万物。

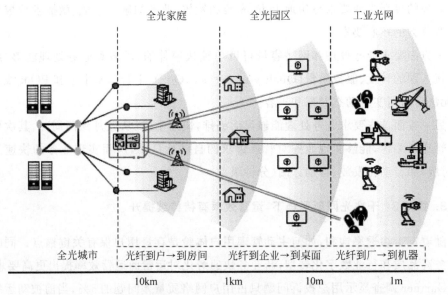

图 1-3　F5G 全光接入网实现光联万物

F5G 全光接入网以 10G PON 为主流接入技术,在连接数、带宽、用户体验等方面相比 F4G 均有飞跃式发展,具体如表 1-1 所示。

表 1-1　F5G 和 F4G 对比

代　　际	F4G	F5G
连接	家庭为主,扩展到中小企业	家庭:光纤到房间 行业:光纤到桌面,光纤到机器
业务场景	高速上网、4K 高清视频等	Cloud VR、在线游戏、智慧家庭、智能制造、企业上云、平安城市等
网络能力	带宽:100Mb/s 时延:毫秒级 智能:弱	带宽:1Gb/s 时延:微秒级 智能:AI 运维,自动化部署与发放

F5G 全光接入网具有三方面的关键特征,如图 1-4 所示。

(1) 全光连接(Full-Fiber Connection,FFC):利用全面覆盖的光纤基础设施支持泛在的连接,包括家庭内房间的连接、企业办公桌面的连接以及机器的连接,业务场景扩展 10 倍以上,连接数提升 100 倍以上,使能光联万物时代。

(2) 超高带宽(enhanced Fixed Broadband,eFBB):网络带宽能力提升 10 倍以上,

可达上下行对称千兆,配合 Wi-Fi 6 技术打通千兆连接的最后十米瓶颈,带来云时代一点即达的连接体验。

（3）极致体验(Guaranteed Reliable Experience,GRE)：持续提升用户的网络业务体验,支撑运营商从流量经营走向体验经营。网络侧支持超低丢包、微秒级时延,配合云平台 AI＋大数据智能运维,满足家庭、企业用户极致业务体验的要求。

图 1-4　F5G 全光接入网关键特征

F5G 全光接入网是一次新的产业革命,三大关键特征将帮助传统的家庭接入场景进一步提升用户体验,同时将推动光纤网络突破传统的产业边际,快速向企业、交通、安防、园区、教育、医疗、矿业等各个领域渗透,助力千行百业的数字化转型。

1.2.2　全光接入网应用场景

F5G 全光接入网具有广阔的应用场景,2019 年 6 月中国宽带发展联盟正式发布《千兆宽带网络商业应用场景白皮书》,该白皮书系统地分析总结了千兆宽带网络的十大典型应用场景,包括 Cloud VR、智慧家庭、游戏、社交、云桌面、平安城市、企业上云、在线教育、远程医疗和智能制造,如图 1-5 所示,并提出了相关商业应用场景的市场空间、商业模式、网络要求。这些应用场景对网络带宽需求高,产业生态以及商业应用相对成熟,将成为 F5G 全光接入网时代的主要业务应用,同时也将为后续业务发展和商业应用奠定基础。

F5G 全光接入网具备了千兆接入能力之后,不仅在提升家庭用户业务体验方面可以发挥重要作用,还将全面支撑行业产业发展,支撑智慧农业、智能制造和工业互联网的发展;深入支持公共服务的均等化,在远程教育、远程医疗、智慧养老等方面发挥更大的作用;还将支撑社会公共治理体系的现代化,在交通出行、社会管理方面作用愈加

Cloud VR
速率500Mb/s～1Gb/s
时延<10ms

智慧家庭
速率>370Mb/s
时延<20ms

游戏
速率>300Mb/s
时延<50ms

社交
全景实时直播
上行速率>200Mb/s

云桌面
上行速率>50Mb/s
时延<10ms

平安城市
AI实时监控
上行速率>200Mb/s

企业上云
对称速率>100Mb/s
可靠性>99.99%

在线教育
速率>750Mb/s
时延<20ms

远程医疗
速率>200Mb/s
时延<10ms

智能制造
同步实时操作
时延<100μs

图 1-5　F5G 全光接入网十大典型应用场景

凸显。F5G 全光接入网的商用化将引发新一轮投资高潮,并结合新的行业应用全面助力数字经济发展,推动信息消费升级。

F5G 全光接入网一方面可丰富个人和家庭信息化应用,另一方面可为城市运行管理、数字乡村建设、产业数字化转型、传统基础设施和公共服务等领域数字化升级提供高质量的接入网络能力,满足 Cloud VR、智慧家庭、云桌面、平安城市、企业上云、在线教育、远程医疗和智能制造等典型场景应用,有力支撑数字经济新增长,加速推动社会经济实现高质量发展。

第 2 章

全光接入网架构

2.1 总体架构

面对业务、行业和产业的变化，有必要对目前的接入网的架构进行优化来应对体验提升、网络敏捷性增强和运营效率提升的挑战。

如图 2-1 所示，F5G 全光接入网的逻辑架构包含 4 个层次，每个层次都完成一些基本的功能。

（1）网络层包含光分配网络（Optical Distribution Network，ODN）、光线路终端（Optical Line Termination，OLT）设备以及 OLT 和上层汇聚设备之间的组网，OLT 用户侧支持多种全光接入技术，包括 PON、点对点（Point-to-Point，P2P）等，PON 接口支持 GPON、10G PON，未来可以进一步演进到 50G PON，P2P 接口支持 GE P2P 以及 10GE P2P；OLT 网络侧分别上行到因特网协议/以太（Internet Protocol/Ethernet，IP/ETH）城域网汇聚子网和光传送网（Optical Transport Network，OTN）汇聚子网，提供不同服务质量的大颗粒网络级管道，网络层也可以称为 Underlay 网络层。

（2）业务层包含 OLT 用户侧的用户业务级接入管道，以及 OLT 网络侧不同 SLA 等级的业务管道（通俗的叫作金银铜业务）。业务层的主要功能是接入用户业务，提供不同 SLA 等级用户业务级管道。比如接入某个家庭宽带用户的语音、互联网和 IP 电视（Internet Protocol Television，IPTV）业务，其中给语音业务提供近乎 0 丢包、小于 100ms 时延、3Mb/s 带宽的业务管道。业务层也可以称为 Overlay 业务层。

（3）接入网控制面（Control Plane，CP）层是接入网的控制面，主要包含接入网抽象模块以及数据前置处理模块，接入网抽象模块是将接入网的资源、配置和状态描述抽象为数据模型，可以适配多厂家的多种设备以及多种应用场景，数据前置处理模块

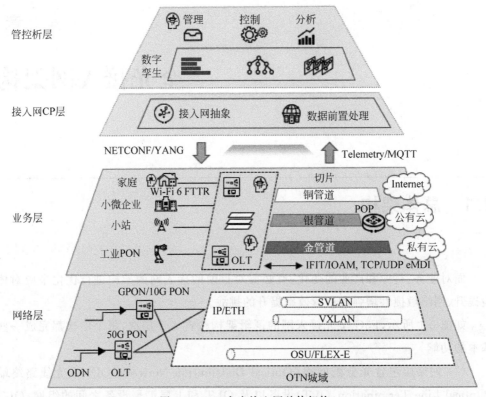

图 2-1　F5G 全光接入网总体架构

是对 OLT 和光网络终端（Optical Network Terminal，ONT）设备上报的状态数据进行预处理，进行数据补齐、格式转换、数据压缩、空间时间序列化处理，形成符合模型要求的数据结构实例。

（4）管控析层包含接入网的管理、控制和分析平台，完成接入网的设备管理、告警管理、故障管理、业务发放以及性能分析，具备较高的自动化处理能力，并对运营支撑系统（Operations Support System，OSS）和操作人员提供友好的北向接口和人机操作界面。

网络层提供的是网络级管道，一般是预配置的，和用户业务级管道相对解耦；业务层提供的是用户业务级管道，是随着用户业务发放过程创建的，和网络层的组网拓扑、保护倒换相对解耦。网络层和业务层合在一起构建了网络的基础连接能力。

接入网 CP 层则隔离了网络和管控析平台，防止网络的变更传导到平台，也防止平台上的业务发放、故障处理、分析算法、能力开放等功能的变更影响网络；管控析层则利用接入网 CP 层提供的能力构建出接入网的数字镜像，对数据进行加工处理，完成管理、控制和分析功能，将网络能力开放给上层 OSS 平台。

2.2 架构关键特征

F5G 全光接入网架构具有超宽光千兆、差异化承载、网络智能化以及敏捷自动化四个关键特征,这四个特征是一个有机的整体。如果把超宽比作宽阔的马路,则差异化是划分了多个车道,包括行人道、自行车道、卡车道、公交专用车道以及 VIP 快速车道;智能化是道路的智能监控和调度系统;敏捷是快速车道变更系统,可以快速更改车道指示和隔离墩,快速划出一个新车道,从而打造一个高品质的全光接入网络。

2.2.1 超宽光千兆

超宽是 F5G 全光接入网的核心特征,相对上一代光接入网,可以提供 4 倍的上/下行对称接入带宽,以及毫秒级低时延的体验能力,带来云网一体的超宽连接体验,成为支撑万物互联时代网络强国建设的重要一翼。

家庭宽带的 PON 技术上从上一代的 GPON 发展到 10G PON,PON 网络带宽提升了 4 倍,适用于垂直行业、5G 小站回传以及更长远的家庭宽带的 50G PON 技术,带宽大幅提升了 20 倍。Wi-Fi 6 作为 PON 网络的延伸,相对 Wi-Fi 5,因为得益于 1024 正交幅度调制(Quadrature Amplitude Modulation,QAM)方式,频宽提升,其速率最高达 9.6Gb/s,同时 Wi-Fi 6 引入多用户多输入多输出(Multi-User Multiple-Input Multiple-Output,MU-MIMO)、正交频分多址接入(Orthogonal Frequency Division Multiple Access,OFDMA)技术,提升了高并发、低时延能力。

如图 2-2 所示,除了 PON 线路速率提升,在组网深度上,F5G 全光接入网进行了PON 光纤延伸,PON 光纤从客厅延伸到每个房间(Fiber to the Room,FTTR),有效解决了 Wi-Fi 信号覆盖不好导致的带宽体验差问题,更进一步的 PON 光纤延伸到桌面、机器,实现万物的高速、高质光接入。

F5G 全光接入网的 10G PON/50G PON 线路技术、PON 光纤末梢延伸、Wi-Fi 6 无线技术,提供了超宽高品质的接入能力,满足 VR/AR/8K、机器视觉、家庭 DICT(DT+ICT:云和大数据技术(DT)、信息技术(IT)和通信技术(CT)深度融合的智能应用服务)业务、垂直行业、小站回传业务的需求。

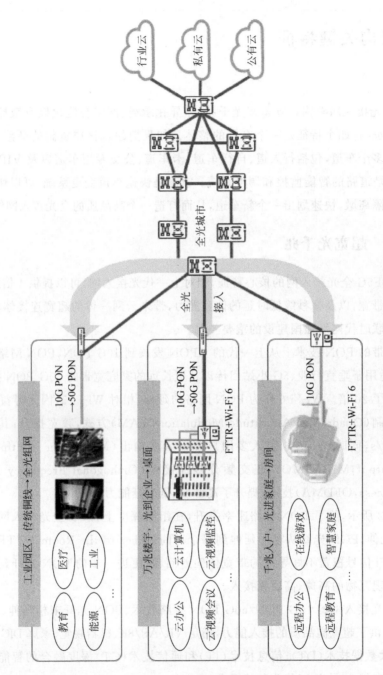

图 2-2 F5G 全光接入网实现光联万物

2.2.2　差异化承载

F5G 全光接入网在家庭宽带市场面临体验经营的挑战,VR/8K 等新业务的出现,所要求的 SLA 和传统的 Internet 业务有了很大差异,同时在垂直行业,接入的设备/业务分属不同的行业,具有不同的特点,对网络的安全性、时延、可靠性、带宽等存在不同的诉求,要求接入网具备差异化的承载能力。

在统一的 F5G 全光接入网架构基础上,通过网络切片,在同一张物理网络上切分出多个独立的虚拟网络,按需分配资源、灵活组合,可以很好满足各种业务的不同需求,实现不同 SLA 业务的差异化承载。因为 SLA 的保障需要端到端进行才有意义,所以切片也需要在网络中端到端进行,在 F5G 全光接入网中分段实现切片提供差异化承载的方案如下。

(1) Wi-Fi 空口切片:基于 Wi-Fi 6 资源单位(Resource Unit,RU)进行切片,对指定业务进行 RU 分配,通过固定和动态不同的 RU 分配方式,实现业务切片对空口资源的独享、优享以及尽力而为三种方式,从而实现差异化承载。

(2) PON 网络切片:ONT 基于上行广域网(Wide Area Network,WAN)接口划分切片,根据 IP 识别业务后导流入相应的切片,上行方向 PON 网络采用动态带宽分配(Dynamic Bandwidth Assignment,DBA)算法基于 PON 的上行传输容器(Transmission Container,T-CONT)进行上行带宽分配,使用固定带宽(FIX)、保证带宽(ASSURE)、尽力而为(Best Effort,BE)方式实现上行带宽独享、优享以及尽力而为模式。通过单帧多突发、独立注册通道技术降低 PON 线路时延,满足低时延切片需求。下行方向 OLT PON 口通过层次化 QoS(Hierarchical Quality of Service,HQoS)通道化子接口,实现切片带宽独享、优享和尽力而为三种方式,从而实现差异化承载。

(3) OLT 网络侧切片:如图 2-3 所示,OLT 网络侧支持分组＋TDM 双转发平面,对接城域分组和 TDM 转发两种转发平面,TDM 转发平面将实现低时延、低抖动、独享带宽的业务保障。分组转发平面则兼顾了网络效率,提供大带宽、时延抖动不太敏感的承载能力。更进一步,在分组转发平面内,OLT 网络侧以太端口可通过 HQoS 通道化子接口,实现切片带宽独享、优享和尽力而为三种方式,从而更进一步实现差异化承载。

在行业市场,F5G 全光接入网除了一网多用满足行业市场用户的 SLA 需求外,还通过虚拟专网对物理网络资源进行隔离,基于隔离的网络对象进行独立的运维,满足行业市场部分用户独立运维的诉求,实现一网多租户。

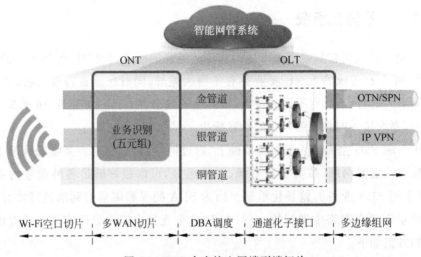

图 2-3　F5G 全光接入网端到端切片

2.2.3　网络智能化

网络智能化是 F5G 全光接入网的一个关键特征,基于网络全量数据和借助 AI 智能决策,可以大幅减少传统人工参与的工作,释放人力,提升效率,同时拓展维护和运营边界,提供新的更强的网络维护手段和新的业务。

智能分析决策需要一个高速全量的数据底座来实现实时感知。全量指的是数据底座应覆盖网元、物理链路、逻辑链路、应用流等各层的数据,并能够覆盖家庭网络、PON 光路等网络分段;高速是指数据能够以秒级和亚秒级的周期实施采集,以精细捕获信息的变化。

网络智能化是 F5G 全光接入网的效率使能器,通过引入 AI 技术,解决电信领域预测类、重复性、复杂类等问题,以大幅提高效率。

如图 2-4 所示,网络智能化的总体方案部件包括一级平台、分析平台、OLT 网元(含智能板)、ONT。一级平台负责模型的离线训练和模型的发布;分析平台由南向采集器、大数据平台、操作系统(Operating System,OS)、在线推理平台和推理决策等构成,负责长周期的数据分析和闭环决策下发;智能板负责边缘数据采集、数据预处理和压缩、中周期的数据分析和闭环决策下发;OLT 和 ONT 负责转发业务流量和实时性要求很高的短周期闭环。

长周期闭环的反馈实时性不高,通常在分钟级,依赖历史数据和空间大数据以及

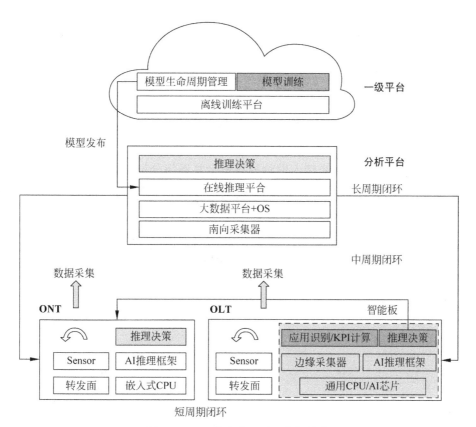

图 2-4　F5G 全光接入网网络智能化

资源和 TOPO 等外部数据。长周期闭环通常对计算和存储资源要求较高,数据敏感度较低,可以离开网络设备。基于大数据的质差识别和故障根因分析就是一种典型的长周期闭环的用例,可以改变传统的被动运维方式,主动发现问题并在不需要人工干预的情况下给出故障分析结果。

中周期闭环的反馈实时性较高,通常在秒级,依赖站点或 OLT 级别的数据,需要将数据在边缘进行分析和处理,因此对计算和存储资源有一定要求,也适用于数据敏感度较高的场景。准实时的收集一个 OLT 下的 ONT 的 Wi-Fi 空口数据,利用强化学习等手段实时对干扰占空比和频谱利用率等进行调优就是一种典型的中周期闭环的用例。

短周期闭环的实时性要求最高,通常在亚秒级,因此必须部署在网元上,通常适用于对业务流量转发或线路编码、调制等实时干预的场景。OLT 的转发面根据实时流量特征和应用场景的感知,动态变化 QoS 的调度策略,以更好地满足用户体验就是一种典型的短周期闭环的用例。

2.2.4 敏捷自动化

F5G 全光接入网的光联万物导致网络规模变大,网络复杂性增强,需要提供自动化部署,实现新业务快速上线。通过网络分层模型化,可以快速实现控制器北向接口的灵活编排,可以方便实现设备的自动配置,从而降低业务发放时间,促使新业务快速上线。

如图 2-5 所示,F5G 全光接入网管控析平台将网络分层化和模型化,具体分为网元层、网络层和业务层,每一层采用模型驱动的配置方式,定义通用的资源、配置和运行模型,结合网络资源情况和下发的配置,来实现自动化操作。

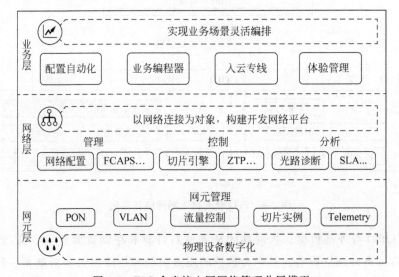

图 2-5 F5G 全光接入网网络管理分层模型

(1) 网元层模型:实现接入网网元的设备管理、PON 线路管理、安全管理,包括北向提供原子接口、降低网络层的配置复杂度。网元层模型基于 YANG 模型(一种数据建模语言)实现驱动可编程,可自动生成北向接口和南向协议报文,北向开放,用户可以通过定制和加载设备 YANG 模型来开发网元层的功能或定制设备功能,使能设备能力开放。

(2) 网络层模型:实现接入网网络配置、网络性能管理、网络故障管理、零接触配置(Zero Touch Provisioning,ZTP) 功能。遵循 ISO 故障、配置、记账、性能、安全(Fault,Configuration,Accounting,Performance,Security,FCAPS)模型,网络层模型根据业务 YANG 模型和网元 YANG 模型自动生成北向 RESTCONF 接口,配合两个模型间映射关系实现业务和网元资源增、删、改、查操作,简化配置,从业务诉求出发,屏蔽复杂网元配置,实现快速业务开通。

(3) 业务层模型:实现接入网业务配置功能,业务层采用 YANG 模型,可自动生成北向 RESTCONF 和业务应用(Application,App)的用户界面(User Interface,UI),快速对接北向人机和机机接口,用户可以自己编写业务包和策略模块,使用系统提供的业务模型映射到设备模型,再从设备模型映射到协议报文,用户只需要写创建流程,更新和删除都由算法计算得出,简化用户编程,降低开发难度。

F5G 全光接入网采用分层模型后,业务和网络分离,网络和网元分离,提升了业务敏捷性。网络层的资源管理、设备管理、业务发放、隧道路径选择和业务层的资源管理、业务管道的业务发放功能相互独立,为业务的自动高效发放提供了便利,可以实现新业务的敏捷发放,同时分层的架构保障了承载网络物理层的变化不会影响上层,业务层无须感知。

第 3 章

全光接入网技术基础

本章主要介绍 F5G 全光接入网的一些重要的基础技术,全光接入网技术全景图如图 3-1 所示。其中带"＊"号标记的是比较重要的基础技术,本章会重点介绍。

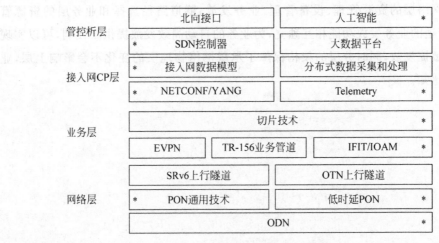

管控析层	北向接口	人工智能	＊
	＊ SDN控制器	大数据平台	
接入网CP层	＊ 接入网数据模型	分布式数据采集和处理	
	＊ NETCONF/YANG	Telemetry	
业务层	切片技术		＊
	EVPN	TR-156业务管道	IFIT/IOAM ＊
网络层	SRv6上行隧道	OTN上行隧道	
	＊ PON通用技术	低时延PON	＊
	ODN		＊

图 3-1　全光接入网技术全景图

3.1　ODN 相关技术

3.1.1　ODN 网络概述

众所周知,PON 网络就是无源光网络,是从中心机房(CO)的光线路终端(OLT),经过光分配网络(ODN),到达用户侧的光网络单元(ONU)。ODN 网络位于中心机房和用户侧的中间,提供光传输通道,起到分配光纤、保护光纤、光纤连接、保护连接点等作用。

1. 网络结构

ODN 从局端到用户终端可分为两点三段,两点指光分配点和光接入点,三段分别为馈线光缆、配线光缆和入户光缆,如图 3-2 所示。

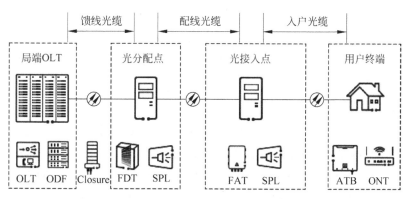

图 3-2　ODN 网络结构示意图

ODN 节点产品主要用于光纤光缆的接续保护,实现从 OLT 到 ONT 的链路连接,根据网络节点位置和功能不同包含光缆、光配线架(Optical Distribution Frame,ODF)、光缆接头盒(Closure)、光缆交接箱(Fiber Distribution Terminal,FDT)、光分路器(Splitter,SPL)、分纤箱(Fiber Access Terminal,FAT)、光纤终端盒(Access Terminal Box,ATB)。

(1) 光缆。

为使光纤达到工程应用的要求,通过套管、绞合、套塑、金属铠装等措施,把若干根光纤组合在一起,就构成了光缆。光缆能承受实用条件下的抗拉、抗冲击、抗弯、抗扭曲等机械性能,能够保证光纤原有的传输特性,并且使光纤在各种环境下可靠工作。常见的光纤类型包括三种,分别是层绞式、骨架式及中心束管式结构,可通过变换不同的光缆组成部件(如外护套)适应不同的应用场景。光缆按应用场景可分室外光缆和室内光缆。

① 室外光缆应用场景包括直埋、管道、架空及气吹等特殊应用,根据不同的应用场景,光缆的结构性能也有所不同。

② 室内光缆的应用主要可以分为室内多芯缆及蝶形入户缆。室内多芯缆主要用于入户前的楼内的垂直布线或水平走线,这种光缆通常是干性结构,可以避免垂直布线时油膏下沉失去防水性能,由于楼内场景多拐角,光缆的柔软性也要求更高。蝶形

入户缆即我们平常说的皮线光缆,主要用于最后一段的入户光缆布放,这种光缆通常每根为 1 芯或 2 芯,为了使施工更便捷,这种光缆的设计非常易于开剥,一般只需从中间撕开即可。

（2）光配线架（ODF）。

ODF 主要部署在 CO 机房和多住户单元（Multi-Dwelling Unit,MDU）场景地下室,实现光纤通信系统中局端主干光缆的连接、成端、分配和调度功能。在 ODN 网络中,ODF 配合光分路器,同时可实现分光功能。ODF 的关键技术是高密设计和光纤调度的便利性。

（3）光缆接头盒（Closure）。

光缆接头盒主要部署在室外架空、抱杆和人井,实现光缆的接续、分歧和配线入户功能。在 ODN 网络中,配合光分路器,可实现分光功能;配合配线面板,可实现光缆成端、调配功能。光缆接头盒由于长期在室外恶劣环境使用,为 ODN 网络中可靠性要求最高的节点产品,可靠性方面需重点关注 IP68 密封性能、抗化学腐蚀、抗 UV、高温高湿度等性能,产品结构方面需关注高密度和操作性。

（4）光缆交接箱（FDT）。

FDT 主要部署在室外街边场景,实现馈线光缆和配线光缆的接续、成端、跳接功能。光缆引入光缆交接箱后,经固定、端接、配线后,使用跳纤将馈线光缆和配线光缆连通。在 ODN 网络中,FDT 配合光分路器,同时可实现分光功能。FDT 由于长期在室外使用,可靠性方面需关注防水汽凝结、IP55/IP65 密封性能、防虫害和鼠害、高温高湿和抗冲击损坏等性能,产品方面需关注高密度和施工效率。

（5）分纤箱（FAT）。

在 ODN 网络中,FAT 通常配合光分路器,作为第 2 级分光点使用,根据部署位置分为室内 FAT 和室外 FAT 两种。

① 室内 FAT 主要为楼道弱电井和室内挂墙安装,实现配线光缆与入户光缆的接续、分纤、配线等功能。

② 室外 FAT 主要为室外挂墙和抱杆安装,由于长期在室外使用,需具备抵抗剧变气候和恶劣工作环境的能力。

（6）光纤终端盒（ATB）。

ATB 主要部署在室内墙面或弱电箱内,用于室内入户光缆的成端,成端端口通过跳纤与 ONT 进行连接。由于是室内使用,产品方面主要关注外形设计,适应家居装修风格。

2．设备部署场景

ODN 设备部署场景比较复杂，从 CO 机房到用户室内整个网络节点都需要布放，如图 3-3 所示。

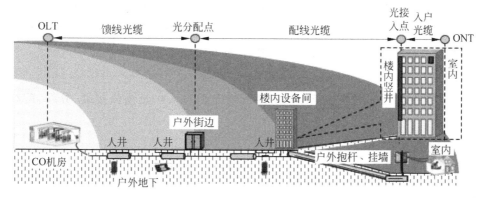

图 3-3　ODN 设备部署场景

（1）CO 机房。

CO 机房场景采用 ODF 实现光纤通信系统中局端主干光缆的连接、成端、分配和调度功能。在 ODN 网络中，ODF 也可放置光分路器，实现分光功能。

当远端机房（楼内设备间）需要大容量光纤处理工作时，在安装空间允许的前提下，也可使用 ODF 设备，根据容量的不同，ODF 可分为光纤配线柜/架和光纤配线箱两种。

（2）户外地下。

户外地下场景采用光缆接头盒实现光缆的接续、分歧功能。

在 ODN 网络中，配合光分路器，可实现分光功能；配合配线面板，可实现光缆成端、调配功能。

光缆接头盒配合相应的安装附件，可实现人井、手井、抱杆、架空、挂墙、直埋等户外场景，具有防水汽凝结、防水和防尘、防虫害和鼠害、抗冲击损坏能力强等特点。

（3）户外街边。

户外街边场景采用 FDT 实现馈线光缆和配线光缆的接续、成端、跳接功能。光缆引入光缆交接箱，经固定、端接、配线后，使用跳纤将馈线光缆和配线光缆连通。

在 ODN 网络中，FDT 也可配合光分路器，实现分光功能。FDT 主要应用于户外环境，需具备能抵抗剧变气候和恶劣工作环境、防水汽凝结、防水和防尘、防虫害和鼠害、抗冲击损坏能力强等特点。

（4）户外抱杆、挂墙。

户外抱杆、挂墙场景采用户外型 FAT，实现配线光缆与入户光缆的接续、分纤、配线等功能。在 ODN 网络中，FAT 配合光分路器，同时可实现分光功能。

FAT 具有独立的入户光缆进出缆孔，可提高光缆固定和防护的可靠性，有利于后期维护。室外 FAT 主要应用于户外环境，需具备抵抗剧变气候和恶劣工作环境的能力，如防水汽凝结、防水防尘、防虫害和鼠害、抗冲击损坏等。

（5）楼内竖井。

楼内竖井场景采用室内 FAT，实现配线光缆与入户光缆的接续、分纤、配线等功能。

（6）室内。

室内场景采用 ATB 进行光缆的成端和保护。ATB 根据使用场景，可分为室内终端盒和弱电箱两种。

室内终端盒 ATB 用于室内入户光缆的成端，起到尾纤盘储和保护接头的作用，外形美观，适用于家居环境。

弱电箱用户终端盒（Customer Terminal Box，CTB）实现 ONT、入户光缆的熔接配线、ODN 配电系统等产品的集成安装，可起到完成集中管理和美化户内环境的作用。

3.1.2 挑战与要求

在全光接入网络建设中，"最后一公里"光纤的铺设和接入是最复杂的环节，也是最难啃的骨头，涉及路权获取、挖沟埋缆、物业沟通、光纤入户、业务发放等问题。

路权、土建和入户成本占光接入网络建设总成本的大部分。土建包括网络覆盖阶段的路权获取、挖沟和埋管等，入户则包括了用户放装的所有操作，如光纤入户挖沟、埋管和光纤安装等。其中，路权和土建的成本平均占比为 44%，占比最高，弹性也最大，不同国家占比从 15% 到 70% 不等，入户平均成本占比为 15%。

1. 面临的挑战

1）施工路权获取周期长、费用高

在很多国家的城市区域，根据市政的要求，不允许架空走线或者外墙走线，必须利旧地下管道光纤入户，如果管道没有空间就必须道路开挖，而道路开挖的路权获取难度较大，一般需要提前数月向市政提出申请。更有甚者，要求每天的施工时间都有限制,在早晚的上下班高峰期,不允许施工。

所以在 ODN 规划中应尽量利用现有的管线资源(人井、通信杆、室外机柜等),合理路由,避免基础设施完全新建。

2) ODN 挖沟土建成本高

FTTH 建设成本最高的是 ODN 外线土建工程部分。为了避免租用管道,优选自建光纤管道,造成施工周期长、成本高、效率低。自建管道人工挖沟带来的工程量巨大,全程管道铺设,使用大量水泥人井,施工复杂,建设成本非常高。

所以在 ODN 施工中不能利用现有管线资源的情况下,应尽量使用高效的施工工具,统筹安排,缩短施工时间,减少现场窝工。

3) 用户接入点到 ONT(Home Connect,HC)段施工效率低

除了路权审批流程复杂、获取周期长(60～90 天)、缺少通信管线的规划和标准外,FTTH 入户难也是另外一个重要的障碍,由于没有施工标准规范、缺少易用的 FTTH 入户安装工具,加上安装人员经验不足,其首次安装 FTTH 的成功率只有 30% 左右,一个施工队一天仅能完成两户 FTTH 入户安装。

所以应针对不同的场景(管道、外墙、暗管、波纹管、架空共 5 种场景)使用不同的入户套装辅料包,同时加强对施工队伍的培训,保证入户施工的质量,提高一次入户施工的成功率。

4) 连接可靠性和资源管理的挑战

ODN 建设最重要的是光纤连接,光纤连接一般通过熔接和现场做接头,对施工人员技能要求较高,现场连接的质量很难保证,影响整个网络长期运行的损耗稳定。

ODN 光纤网络属于哑资源,结构不可视。端口调度管理依赖人工记录,人工记录很容易出错,导致系统资源不准,端口资源沉淀。

2. 全光接入网对 ODN 网络的要求

1) 灵活性、可扩展性

现网 ODN 网络作为基础设施网络,除了满足 GPON 业务的需求外,需要考虑有一定光功率预算余量用于未来 10G GPON/50G PON 的业务平滑演进需求。全光演进场景下,不但要考虑 FTTH 业务,还需要综合考虑家庭和企业业务,避免光纤光缆重复铺设,节省投资和上市时间(Time to Market,TTM)时间。这就要求 ODN 网络支持综合业务接入,且网络是共享的、可灵活调度的、可灵活扩容的。

2）易部署

ODN 大部分都是外线施工（Outside Plant，OSP），涉及的工程场景复杂，施工人员的素质参差不齐，导致部署周期长。ODN 部署应越简单越好，对施工人员的技能要求应越低越好，便于快速部署，缩短 TTM，实现网络快建快赢。

3）可维护性

ODN 网络应具备可维护性，在网络出问题时，能快速定位，快速修复故障。

4）可靠性

ODN 是无源设备，是全光接入网业务发展的基石，在全生命周期内，应具备高可靠性，做到"一次铺设，二十年不动"，避免因可靠性问题而需要重建，浪费投资。

3.1.3 预连接技术

在工程施工中，光纤熔纤一直是 ODN 施工中技术含量较高的工作，需要训练有素的熔纤技工操作，所以造成光缆部署不仅施工成本高，进度慢，熔接质量和效率也经常成为工程瓶颈。为此早在 2000 年，行业率先提出预连接的概念并逐步产品化。预连接是将光缆在工厂预制好满足室外防护和环境使用要求的连接头，施工现场将预制缆直接插入 FAT 外露的适配器上，实现光纤对接功能。预连接技术具有如下特点和价值。

（1）无须熔接，无须专业技术工人，普通工人即可实现光缆的接续工作。

（2）所有 FAT 适配器外露，光纤连接时无须打开设备。

（3）施工现场即插即用，省去熔接场景复杂的光缆开剥和光纤管理工作，施工效率高。

（4）设备安装和预连接缆铺设全解耦，可以并行施工。

3.1.4 不等比分光

众所周知，分光器是 ODN 网络最核心的无源光器件，PON 口输出的光信号通过单根光纤传递到指定位置后通过分光器分支成 n 根光纤，从而实现 1 个 PON 口接入多个用户的功能。传统 PON 网络中分光比最多 1∶64，常用的分光比有 1∶8+1∶8、1∶4+1∶8 两级分光以及 1∶64 一级分光，如图 3-4 所示。

传统的 ODN 网络中使用的分光器都是等比的，分光器输出的每根光纤功能也都相同，因此分光器下连接的盒子均为并联关系。以 1∶8+1∶8 两级分光为例，如

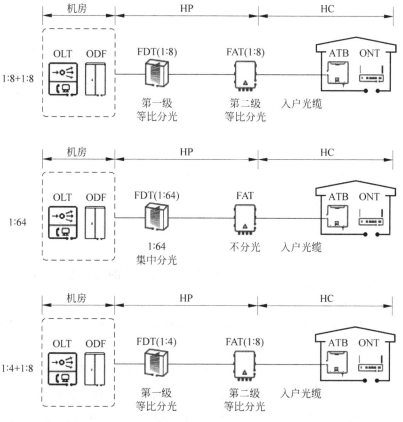

图 3-4　等比分光应用场景

图 3-5 所示,光缆在 FDT 中经过一级分光后,需要采用多芯光缆将分光器端口引出,然后在需要安装 FAT 的位置将多芯光缆剥开,剪断一根光纤安装 1 个 1:8 分光器,剩余光纤继续往下走,直到分光器端口,等比分光 FDT 和 FAT 连接如图 3-6 所示。

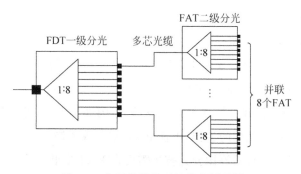

图 3-5　典型的等比两级分光原理图

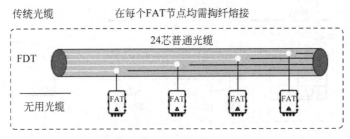

图 3-6　等比分光 FDT 和 FAT 连接图

在网络建设过程中人们发现传统 ODN 部署最烦琐,工作量最大的是在配线段,也就是 FAT 处的布放,它的部署主要存在如下几个问题。

(1) 由于一级分光器往下的端口是并联关系,因此需要使用多芯光缆(12/24 芯)来串联多个 FAT。

(2) 每个 FAT 都需要将多芯光缆开剥,并找出对应的光纤进行熔接,还需要管理未熔接的剩余光纤,操作烦琐,费时费力。

(3) 多芯光缆中已经使用的光纤在后续光缆路由中是无用的,这无疑造成光缆的浪费。

基于传统 ODN 布放存在的问题,业界提出了一种基于不等比分光器的组网方案,如图 3-7 所示。该方案改变了传统等比分光的组网逻辑,在典型组网场景中它在 FAT 中的 1∶8 分光器前面增加了一个 1∶2 不等比分光器,典型情况下该分光器按照 70% 和 30% 的比例将输入光功率一分为二,30% 的光功率分给 1∶8 分光器,70% 的光功率继续往下走,串联下一级 FAT。该方案一条链路最多可以串联 4 个 8 口 FAT,因此一条链路共下挂 4×8＝32 个用户,实现 1∶32 的总分光比,如果需要实现 1∶64 的分光比,需要在 FDT 位置放置一个等比的 1∶2 分光器,一个 PON 口下挂两条 32 个用户的链路,实现 1∶64 的总分光比。

不等比分光方案的优点如下。

(1) 由于采用了不等比分光技术,可以采用单芯光缆替代原 12/24 芯多芯光缆串联多个 FAT,节省光纤资源,使成本更低。

(2) 在单芯光缆的基础上结合预连接技术,如图 3-8 所示,可以省去原来 FAT 开剥光缆、开箱熔接和管理光缆的工作,可使 FAT 施工效率提升 70%。

从前面我们可以看到,不等比分光技术需要在 FAT 安装一个 1∶2 分光器和 1∶8 分光器,这两个分光器需要通过熔接方式连接起来。相对传统组网方式的 1∶8 分光

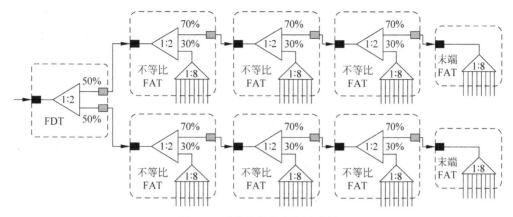

图 3-7　不等比分光方案示意图

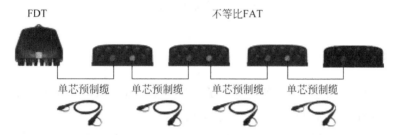

图 3-8　基于预连接技术的不等比分光组网示意图

器,其器件更多,增加了熔接操作,从而降低了方案竞争力,基于该方案的缺点,人们发明了 1∶9 的分光器,通过平面波导技术(Planar Lightwave Circuit,PLC)将两个分光器集成在一个 PLC 芯片中,让其与 1∶8 分光器大小和形态一致。1∶8 等比分光器原理图如图 3-9 所示。

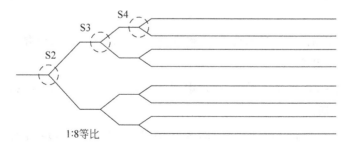

图 3-9　1∶8 等比分光器原理图

基于 1∶9 分光器的 ODN 不等比方案是最为典型的场景,实际应用中根据用户端口数量的不同可能还会涉及 1∶5、1∶17 等不同分光比的场景,可根据组网需要进行选择,1∶9 不等比分光器原理图如图 3-10 所示。

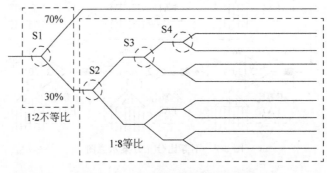

图 3-10　1∶9 不等比分光器原理图

3.1.5　数字化技术

ODN 是无源网络,其无源特性决定了其管理无法自动化,必须依赖于人工。ODN 资源管理包含建设和装维两阶段,具体管理内容如下。

(1) 机房到用户接入点(Home Pass,HP)建设阶段 ODN 资源数据录入,包括 ODN 设备、光缆路由、用于 HC 放号的纤芯关系、光纤分纤箱 FAT 端口状态等。

(2) 放号和运维阶段 FDT 和 FAT 端口状态变化和纤芯关系变化管理。

相对而言,放号和运维阶段纤芯关系变化管理和 FDT/FAT 端口变化管理难度最大,必须有强流程和规范保障,才能提高资源管理准确率。自 ODN 诞生以来,ODN 哑资源数据不准一直是运营商面临的主要难题之一。当前 ODN 哑资源管理主要存在如下问题。

(1) 资源不准确,信息错乱缺失,准确度只有 30%～60%,光纤端口资源依赖小区经理人工管理,不可控。

(2) 业务开通难,拆机不拆线、端口虚占,资源沉淀 10%～20%,线路弱光,弱光率 4.4%,业务开不通。

(3) 定障效率低,排障难,65% 的故障需要上门或上站,运营支出(Operating Expense,OPEX)高。

1．数字化 ODN 概述

数字化 ODN 是在保证 ODN 无源的基础上，在规、建、装、维、营全生命周期避免 ODN 资源数据人工录入，解决 FDT/FAT 端口状态变化由人工管理带来的不确定性和效率低问题。数字化 ODN 主要具有如下特点。

（1）数据流转无纸化。

基于 AI 的图像识别，快速获取 ODN 设备和线缆连接关系，生成完整的 ODN 资源信息，便于资源同步。

（2）资源变化可自动感知。

ODN 资源变化主要是放号和运维阶段 FDT 和 FAT 端口状态变化和纤芯关系变化，数字化 ODN 要能自动感知这些变化并自动刷新资源管理数据库，保证数据库数据和现场数据一致性。

（3）光路状态可视。

ODN 是构建可靠、稳定、灵活 FTTH 网络的基石，光路状态直接影响 FTTH 的放号和用户业务体验。数字化 ODN 除了要解决资源数据准确性的管理外，还要能感知光路状态，做到光路状态实时可视，包括光路路由、光路健康状态的可视。

2．图像识别技术

随着人们对带宽要求的逐步提升，光纤接入网络由于其无源技术的先进性正逐步替代铜线网络。但是海量无源 ODN 端口需要通过人工来管理维护，给运营商带来了极大运维挑战。目前基于图像识别技术的数字化 ODN 是最好的 ODN 端口管理技术，图像识别技术主要实现如下两个功能。

（1）识别 ODN 设备上的二维码，获取 ODN 相关信息（包含设备类型、设备规格、生产日期等信息）。

（2）自动锁定并识别 FAT/FDT 端口状态（占用或空闲，用于放号时资源匹配），以及端口连接的光缆条形码（用于确定纤芯关系）。

如图 3-11 所示，它从根本上解决了光纤网络基础设施的数字化问题。

为了使光纤接入网络全面实现数字化，数字化 ODN 设备上预制了图像识别所需要的三个关键因素，如图 3-12 所示。

（1）设备二维码：包含的信息能够体现设备的型号和规格，全球唯一的内容是其区别于其他设备的标识信息。

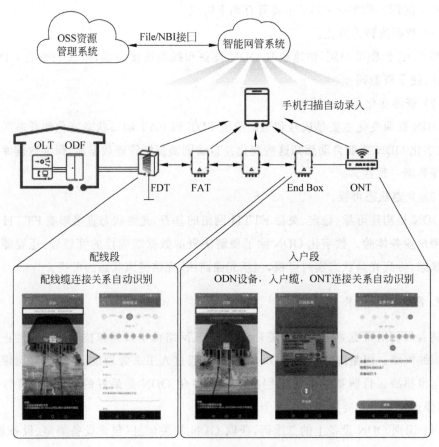

图 3-11　图像识别技术

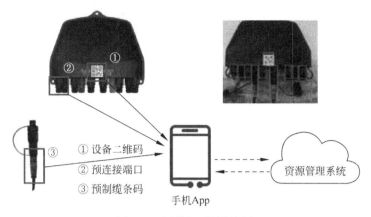

图 3-12　图像识别关键因素

（2）预连接端口：图像识别依赖采集图像信息进行处理，合理的端口布局是数字化识别的前提。应用（Application，App）通过 AI 图像识别算法，能够精确地识别出设备的类型、端口占用状态、端口连接线缆条码等关键信息，并将信息回传到后台系统，实现 ODN 设备资源的精确管理。

（3）预制缆条码：配线缆采用双端预制缆，两端自带相同的一维条码。入户缆单端预制一维条码。

数字化 ODN 资源录入和管理分为网络建设阶段和业务发放阶段，不同阶段负责不同的资源录入和管理。

（1）网络建设阶段：手机 App 可快速拍照识别 ODN 设备和线缆，还原设备端口拓扑、设备类型及设备端口与配线编码对应信息，装维人员可以快速、准确地完成 ODN 资源信息录入，如图 3-13 所示。

（2）业务发放阶段：通过 AI 智能识别，快速建立放号设备、放号端口及入户线缆拓扑关系，实现快速业务发放及数据准确录入，如图 3-14 所示。

3．光虹膜技术

基于图像识别技术的数字化 ODN 技术，可以实现 FTTH 物理端口的自动化录入、管理和维护，但是无法解决运营商网络运维过程中的状态实时监控、故障预知和故障诊断等问题。因此，基于光虹膜技术的数字化 ODN 应运而生。

光虹膜技术除了可远程实时感知资源变化外，还可以实现光路状态可视，解决远程自动验收、远程自动评估、光路故障分界定位、光路健康状态感知等问题。

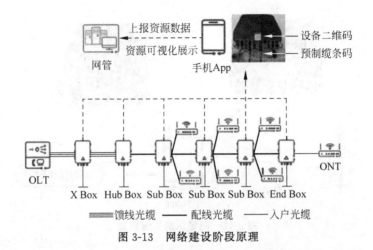

图 3-13　网络建设阶段原理

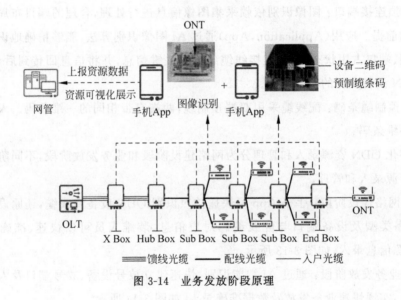

图 3-14　业务发放阶段原理

如图 3-15 所示,光虹膜数字化 ODN 技术是在 ODN 网络中部署具备光虹膜的分光器,每个分光器端口上增加唯一编码的标记,在 OLT 上增加用于数字化管理的光路人工智能(Optical Artificial Intelligence,OAI)单板,同时 ONT 进行必要的管理适配。网管系统通过 OAI 单板实时采集每一个分光器端口和 ONT 的连接关系,可实现如下功能。

(1) 网络拓扑自动还原,可自动建立 PON 口、分光器端口和 ONT 之间的对应关系。

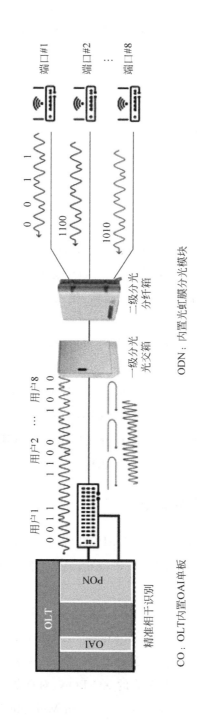

图 3-15　光虹膜技术应用

（2）运维离线在线，OAI 板可以远程采集 ODN 链路总损耗和分光器端口位置损耗，用于网络建设阶段的自动验收、运维阶段链路质量恶化预警和故障位置精准分责定位。

3.2　PON 通用技术

PON 是一种点到多点（Point-to-Multipoint，P2MP）结构的无源光网络，是目前应用范围最广的光接入技术。

随着宽带业务的普及和光进铜退的趋势，运营商对业务的传输距离、带宽、可靠性和低运营成本提出了越来越高的要求。PON 技术的以下特点满足了这些要求。

（1）更远的传输距离：采用光纤传输，接入层的覆盖半径最大可达 60km，可以解决双绞线"距离和带宽的矛盾"。

（2）更高的带宽：10G PON 支持 9.953 28Gb/s 线路速率，满足用户对高带宽业务的需求，如高清电视、实况转播等。

（3）QoS 提供灵活的全业务体验：提供区分用户和用户业务的流量控制，保证多用户的多业务带宽，为不同的用户业务提供差异化服务。

（4）分光特性：局端单根光纤经分光后引出多路到户光纤，支持 1∶128 的分光比，节省主干光纤资源，降低运营维护成本。

3.2.1　PON 技术概述

GPON、10G GPON、50G PON、EPON 和 10G EPON 是当前主流的 PON 技术，本节重点介绍它们的基本原理和技术特点，包括工作波长、工作速率和帧格式。

1. GPON

国际电信联盟-电信标准部（International Telecommunications Union-Telecommunication Standardization Sector，ITU-T）定义了 GPON 系列标准，包括 GPON、10G GPON 系列（单波长为 10Gb/s，包括非对称的 XG-PON、对称的 XGS-PON 和多波长的时分波分堆叠复用 PON（Time Wavelength Division Multiplexing Passive Optical Network，

TWDM PON)),后续会演进到更高速率的 50G PON。

GPON 采用了 P2MP 结构的无源光网络,能够提供下行 2. 488 32Gb/s、上行 1. 244 16Gb/s 的速率。

GPON 标准是由 ITU 制定的,在 ITU 中,运营商占据主导地位,更关注已有业务在 GPON 上的支持,因此 GPON 标准除了关注以太网业务在 PON 上的传输外,也关注以前的语音、E1 专线等各种业务在 PON 上的承载,对 PON 上承载业务的 QoS 保证等提出了较高的要求。

GPON 更适用于支持多业务承载,是目前主流的 FTTH 建设方案,并且已具有成熟的产业链,同样情况下的建设和部署成本更具竞争力。

如图 3-16 所示,GPON 采用了简单、高效的适配封装,引入了 GEM(GPON Encapsulation Mode)帧的封装,提供了更高的带宽利用率。GEM 帧是 GPON 中最小的业务承载单元,所有业务都封装在 GEM 帧上进行传输,通过 GEM Port 标识。

(1) 每个 GEM Port 由一个唯一的 Port ID 来标识,由 OLT 进行全局分配,即每个 GPON 端口下的每个 ONU 不能使用 Port ID 重复的 GEM Port。

(2) GEM Port 标识的是 OLT 和 ONU 之间的业务虚通道,即承载业务流的通道。

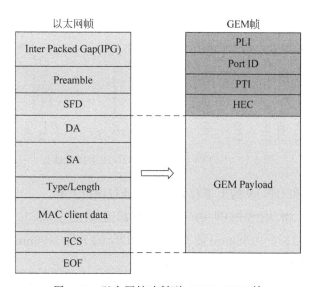

图 3-16　以太网帧映射到 GPON GEM 帧

除了上述的将以太网帧映射到 GPON GEM 帧之外,GPON 的 GEM 帧还可以承载传统电话业务(Plain Old Telephone Service,POTS)、E1、T1 等多种格式的信元,可以更好地支持多种业务承载。

GPON 上行方向采用 1310nm 波长窗口(1290~1330nm 波长),下行方向采用 1490nm 波长窗口(1480~1500nm 波长),也可以和有线电视(Cable TV、CATV)业务共存(CATV 业务使用 1540~1560nm 波长)。

2. 10G GPON

随着宽带业务的发展,GPON 也存在带宽不足的情况,所以 10G GPON 技术已经在高价值区域规模部署,10G GPON 分为非对称模式(XG-PON)和对称模式(XGS-PON)两种不同的模式。

(1) XG-PON 的下行线路速率是 9.953 28Gb/s,上行线路速率是 2.488 32Gb/s,主要是应用于家庭用户的上网场景。

(2) XGS-PON 的下行和上行线路速率都是 9.953 28Gb/s,该模式除了满足家庭用户的上网场景之外,也可以用于企业用户的接入应用,还可用于移动承载等。

如图 3-17 所示,10G GPON(XG(S)-PON)由于采用了和 GPON 不同的波长,所以也可以支持 XG-PON ONU、XGS-PON ONU 和 GPON ONU 在同一个 ODN 下共存,支持不同种类的 ONU 平滑演进。其中,XG(S) PON 和 GPON 通过一个外置或者内置的合波器共存。

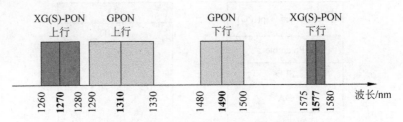

图 3-17　GPON 和 XG(S)-PON 上下行的波长

XG(S)-PON 和 GPON 的上下行方向都是通过波分共存。

(3) XG-PON 和 XGS-PON 的下行速率都是 9.953 28Gb/s,下行方向采用 1577nm 波长窗口(1575~1580nm 波长),与 GPON 的下行 1490nm 波长窗口(1480~1500nm 波长)并不冲突,通过波分方式共存。

(4) XG-PON ONU 的上行速率是 2.488 32Gb/s,XGS-PON ONU 的上行速率是 9.953 28Gb/s,两者都是采用 1270nm 波长窗口(1260~1280nm 波长),和 GPON 的 1310nm 波长窗口(使用 1290~1330nm 波长)波分共存。XG-PON ONU 和 XGS-

PON ONU 采用相同的波长窗口,采用时分共存,不同的 ONU 占用不同的时隙发送报文。

3. 50G PON

随着 PON 业务承载内容的不断丰富,需要在 10G GPON 的基础上发展下一代的更高速的 PON 系统。特别地,针对 5G 移动前传和企业专线业务,需要支持到 50Gb/s 的 PON 口速率。

50G PON 分为非对称模式和对称模式两种不同的模式。

(1) 非对称 50G PON 的下行线路速率是 49.7664Gb/s,上行线路速率是 24.8832Gb/s 或 12.4416Gb/s,主要是应用于普通企业客户或未来的家庭用户的上网场景。

(2) 对称 50G PON 的下行线路速率是 49.7664Gb/s,上行的线路速率也是 49.7664Gb/s,该模式除了满足家庭用户的上网场景外,也可以用于企业用户的接入应用,还可用于 5G 移动前传等。

如图 3-18 所示,50G PON 的下行中心波长为 1342nm,上行波长有两个选项与现有的 GPON 或者 10G GPON 网络波分共存。当与 GPON 网络共存时,上行采用和 GPON 不同的波长,中心波长为 1270nm,此时可以同时支持 GPON ONU 和 50G PON ONU 在同一个 ODN 下共存;当与 10G GPON 网络共存时,上行采用和 10G GPON 不同的波长,中心波长为 1300nm,此时可以同时支持 XG-PON ONU、XGS-PON ONU 和 50G PON ONU 在同一个 ODN 下共存,支持不同种类的 ONU 平滑演进。其中,共存通过一个外置或者内置的合波器共存。

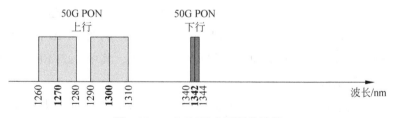

图 3-18　50G PON 上下行的波长

50G PON 和现有的 GPON 或 10G GPON 网络的上下行方向都是通过波分共存的。50G PON 上行的三种速率的 ONU 通过时分共存,不同的 ONU 占用不同的时隙发送报文。

4．EPON

电气电子工程师协会(Institute of Electrical and Electronics Engineers,IEEE)组织定义了 EPON 系列的标准,包括 EPON、10G EPON,以及后续将要演进到的50G PON。

EPON 是基于以太网的 PON 技术,将以太网和 PON 技术结合,在物理层采用PON 技术,在数据链路层使用以太网协议,利用 PON 的拓扑结构实现以太网接入。

EPON 的帧结构主要是在以太网 802.3 协议的帧结构上进行扩展,充分利用了原有的协议资源,降低了协议的复杂度,EPON 帧结构如图 3-19 所示。

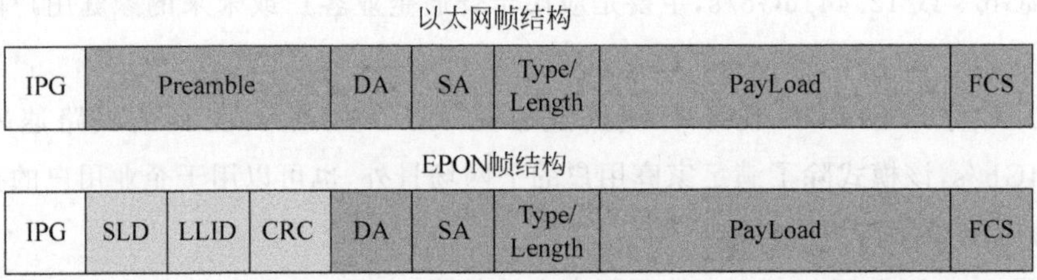

以太网帧结构

IPG	Preamble	DA	SA	Type/Length	PayLoad	FCS

EPON帧结构

IPG	SLD	LLID	CRC	DA	SA	Type/Length	PayLoad	FCS

IPG：Inter Packet Gap, 包间隔	Preamble：前导码
DA：Destination Address, 目的MAC	FCS：Frame Check Sequence, 帧检验序列
SA：Source Address, 源MAC	LLID：Logical Link Indentifier, 逻辑链路标识
SLD：Start of LLID Delimiter, LLID 起始定界符	CRC：Cyclical Redundancy Check, 循环冗余码校验

图 3-19　以太网帧与 EPON 帧结构比较

LLID 为逻辑链路标识,OLT 通过此 ID 信息与不同的 ONU 建立点对点逻辑通信链路。EPON 标准将以太网帧的前导码做了简单的复用,将 LLID 信息写入了以太网帧的前导码中,以 2 字节来标识,范围为 0~0x7FFF。其中 0x7FFF 用来标识广播链路,其他用于单播链路。

EPON 的线路速率是对称 1.25Gb/s,上行方向采用 1310nm 波长窗口(1260~1360nm 波长),下行方向采用 1490nm 波长窗口(1480~1500nm 波长),如果采用第三波长方式实现 CATV 业务的承载,则使用 1540~1560nm 波长。

EPON 目前的应用市场范围相对较窄,主要用在中国、日本、韩国运营商市场,以及一些 Cable 业务运营商市场。

5. 10G EPON

随着宽带业务的普及和互联网业务的蓬勃发展,用户对带宽的需求不断提升,原有 EPON 带宽已经不能满足最终用户的需求,需要 10G EPON 技术提供更高的带宽。

10G EPON 分为非对称模式和对称模式两种模式。

(1) 10G EPON 非对称模式: 下行线路速率是 10.3125Gb/s,上行线路速率是 1.25Gb/s,主要应用于家庭用户场景。

(2) 10G EPON 对称模式: 下行线路速率是 10.3125Gb/s,上行的线路速率也是 10.3125Gb/s,该模式除了满足家庭用户场景外,也可以满足企业用户的接入应用。

10G EPON 支持 10G EPON ONU 和 EPON ONU 在同一个 ODN 下共存,支持不同种类的 ONU 平滑演进。10G EPON 和 EPON 下行方向通过波分共存,上行方向通过时分共存。EPON 和 10G EPON 上下行的波长如图 3-20 所示。

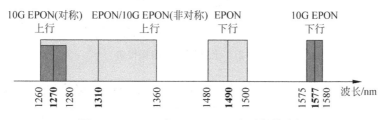

图 3-20　EPON 和 10G EPON 上下行的波长

(1) 10G EPON 非对称模式: 下行方向采用 1577nm 波长窗口(1575～1580nm 波长),与 EPON 的下行 1490nm 波长窗口(1480～1500nm 波长)不冲突,所以在下行方向是通过波分方式共存的。10G EPON 非对称 ONU 的上行和 EPON 的上行线路速率都是 1.25Gb/s,并采用同样的 1310nm 波长窗口(使用 1260～1360nm 波长),EPON ONU 和 10G EPON ONU 在上行方向通过时分方式共存。

(2) 10G EPON 对称模式: 下行方向和非对称模式的下行是相同的,均采用 1577nm 波长窗口,与 EPON 的 1490nm 波长窗口进行波分共存。10G EPON 对称模式的上行速率由 1.25Gb/s 提升至 10.3125Gb/s,并选用了 1270nm 波长窗口(1260～1280nm 波长),10G EPON OLT 的接收侧采用宽接收,支持 1260～1360nm 的波长范围,故对称 10G EPON ONU 和 EPON ONU 此时必须通过时分方式进行共存。

3.2.2　PON 关键技术

1. 测距技术

各个 ONU 到 OLT 的逻辑距离并不完全相等,因此信号到达 OLT 的时间也并不相等。同时,OLT 与 ONU 的环路时延(Round Trip Delay,RTD)也会随着时间和环境的变化而变化。因此在 ONU 以时分多址(Time Division Multiple Access,TDMA)方式(即在同一时刻,OLT 一个 PON 口下的所有 ONU 中只有一个 ONU 在发送数据)发送上行光信号时可能会出现碰撞冲突,如图 3-21 所示。

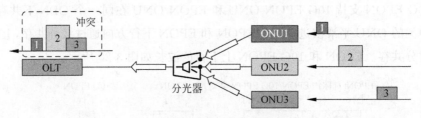

图 3-21　无测距技术数据传输

为了保证每一个 ONU 的上行数据在光纤汇合后进入指定的时隙,彼此间不发生碰撞,且不要间隙太大(间隙过大,会导致带宽浪费),OLT 必须对每一个 OLT 与 ONU 之间的距离进行精确测定,以便控制每个 ONU 发送上行数据的时刻。

如图 3-22 所示,OLT 在 ONU 第一次注册时就会启动测距功能,获取 ONU 的往返延迟 RTD,计算出每个 ONU 的物理距离,根据 ONU 的物理距离指定合适的均衡时延(Equalization Delay,EqD)参数。

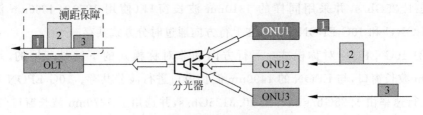

图 3-22　测距技术数据传输

OLT 通过调整均衡延时参数,使得各个 ONU 发送的数据帧同步,保证每个 ONU 发送数据时不会在分光器上产生冲突。相当于所有 ONU 都在同一逻辑距离上,在对应的时隙发送数据即可,从而避免上行光信号发生碰撞冲突。

2. 突发光电技术

PON 上行方向采用时分复用的方式工作,每个 ONU 必须在许可的时隙才能发送数据,不属于自己的时隙必须关闭光模块的发送信号,才不会影响其他 ONU 的正常工作。

对于 OLT 侧上行接收,必须要根据时隙进行突发接收每个 ONU 的上行数据,因此,为了保证 PON 系统的正常工作,ONU 侧的光模块必须支持突发发送功能,OLT 侧的光模块必须支持突发接收功能。

ONU 的光模块应支持快速地打开和关闭突发发送功能,防止本 ONU 的发送信号干扰到其他的 ONU。非突发发送和突发发送的数据传输如图 3-23 所示。

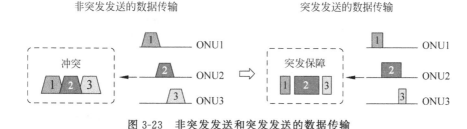

图 3-23　非突发发送和突发发送的数据传输

OLT 侧需要支持突发接收功能。由于每个 ONU 到 OLT 的距离不同,每个 ONU 到达 OLT 的光信号衰减也是不同的,这就导致 OLT 在不同时隙接收到的光信号的功率是不同的。这就给 OLT 光模块接收提出了更高的要求:接收模块能在各个 ONU 上行时隙切换的较短时间内快速动态调整接收阈值,使其能正确接收到不同 ONU 的光信号。

如果 OLT 侧的光模块不具备光功率突变的快速处理能力,则会导致距离较远、光功率衰减较大的 ONU 的光信号到达 OLT 时,由于光功率电平小于阈值而恢复出错误的信号(高于阈值电平才认为有效,低于阈值电平则无法正确恢复)。

3. 动态带宽分配技术

PON 上行方向是多个 ONU 通过时分复用的方式共享的,对数据通信这样速率多变的业务很不适合。如果按业务的峰值速率静态分配带宽,则整个系统带宽很快就被耗尽,带宽利用率很低,所以需要采用动态带宽分配技术,提升系统的带宽利用率。

对于从 ONU 到 OLT 的上行传输,多个 ONU 采用时分复用的方式将数据传送给

OLT,必须实现对上行接入的带宽控制,以避免上行窗口之间的冲突,DBA 动态带宽分配技术在 OLT 系统中专用于带宽信息管理和处理,是一种能在微秒或毫秒级的时间间隔内完成对上行带宽的动态分配的机制。

在 OLT 系统中,在上行方向可以基于各个 ONU(GPON 可以基于更细粒度)进行流量调度。DBA 的实现过程如图 3-24 所示。

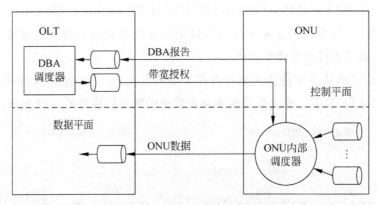

图 3-24　DBA 基本原理

ONU 如果有上行信息发送,会向 OLT 发送报告申请带宽,OLT 内部 DBA 模块不断收集 DBA 报告信息进行计算,并将计算结果以带宽映射表的形式下发给各ONU。各 ONU 根据 OLT 下发的带宽映射表信息在各自的时隙内发送上行突发数据,占用上行带宽。这样就能保证每个 ONU 可以根据实际的发送数据流量动态调整上行带宽,提升了上行带宽的利用率。

DBA 对 PON 的拥塞进行实时监控,OLT 根据拥塞和当前带宽利用情况及配置情况进行动态的带宽调整。DBA 可以带来以下好处。

(1)可以提高 PON 端口的上行线路带宽利用率。

(2)可以在 PON 端口上增加更多的用户。用户可以享受到更高带宽的服务,特别适用于对带宽突变比较大的业务。

4. PON 线路保护技术

PON 线路侧的保护技术包括 Type B 和 Type C 保护,同时按照业务是否归属于同一台 OLT,还可以划分为单归属方案和双归属方案。

1)Type B 保护

PON 线路的 Type B 保护是一种针对主干光纤的保护,其保护组网如图 3-25 所示。

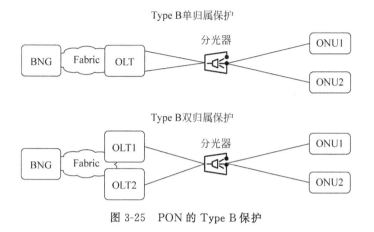

图 3-25　PON 的 Type B 保护

（1）Type B 单归属保护组网。

指的是分光器采用一个 2∶n 的分光器，分别接到同一台 OLT 的 2 个 PON 口上，保护 ODN 网络中的主干光纤。此时 ONU 只提供一个 PON 上行接口。在正常工作的时候，OLT 的主用 PON 口正常工作，备份 PON 口处以备份状态，可以接收数据，但是不发送数据，如果 OLT 主用 PON 口或者主用 PON 所连接的主干光纤出现故障时，OLT 会触发 Type B 倒换，将业务从主用 PON 口倒换到备用 PON 口上。

（2）Type B 双归属保护组网。

指的是分光器采用一个 2∶n 的分光器，分别接到 2 台 OLT 的 2 个 PON 口上，2 台 OLT 之间进行动态数据同步，ONU 只提供一个 PON 上行接口。此方法除了保护 ODN 的主干光纤之外，还对 OLT 整台设备进行保护。正常工作时，主用 OLT 的 PON 口工作，备用 OLT 的 PON 口处于备份状态。当主用主干光纤或者主用 OLT 出现故障时，OLT 会触发 Type B 倒换，将业务切换到备用 OLT 的 PON 口。

2）Type C 保护

PON 线路的 Type B 保护只能保护 ODN 中的主干光纤，无法保护分支光纤。对于一些非常重要的业务，运营商希望能对分支光纤也进行保护，Type C 保护可以满足运营商的这个需求，Type C 保护可以保护主干光纤和分支光纤。PON 线路的 Type C 保护组网如图 3-26 所示。

（1）Type C 单归属保护组网。

ONU 提供 2 个上行的 PON 接口，分别接到 2 个不同的分光器上，2 个不同的分光器分别接到一台 OLT 的 2 个不同的 PON 接口。正常工作时，ONU 的主用 PON 端口处于工作状态，备用上行 PON 端口处于备份状态，备用口也可以收发数据。当主

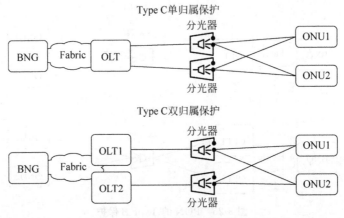

图 3-26　PON 的 Type C 保护

用 ODN 出现故障时,ONU 触发 Type C 倒换,从主用的上行 PON 接口倒换到备用的上行 PON 接口,PON 接口所连接的 ODN 网络也相应发生倒换,OLT 上的 PON 端口也会跟随倒换。

(2) Type C 双归属保护组网。

指的是 ONU 提供 2 个上行的 PON 接口,分别接到 2 个不同的分光器上,2 个不同的分光器分别接到 2 台 OLT 的不同 PON 接口。正常工作时,ONU 的主用上行 PON 端口处于工作状态,备用上行 PON 端口处于备份状态,当主用 ODN 出现故障时,ONU 触发 Type C 倒换,从主用的上行 PON 接口倒换到备用的上行 PON 接口,PON 接口所连接的 ODN 网络也相应发生倒换,上面的 OLT 也会跟随倒换。

5. 长发光 ONU 检测技术

PON 上行方向采用时分复用方式,ONU 必须按照 OLT 分配的时隙向上行方向发送数据才能保证数据依次上行到 OLT 设备而不产生冲突。不按照分配的时间戳向上行方向发送光信号的 ONU 叫流氓 ONU。流氓 ONU 可以分为以下几种。

(1) 长发光流氓 ONU:任意时刻都在发光的 ONU。

(2) 有规律发光流氓 ONU:ONU 有固定规律地影响特定 ONU,如占用了其他固定 ONU 的时隙。

(3) 随机发光流氓 ONU:无规律地随机发光,可能是提前、延迟等情况。

在当前的技术手段下,仅能有效检测和隔离长发光流氓 ONU。因此本书只针对长发光流氓 ONU 描述。长发光流氓 ONU 示意如图 3-27 所示。

如果该 ONU 已上线,会导致同一 PON 口下其他某个 ONU 或者所有 ONU 下线或者频繁上下线。如果该 ONU 未配置,会导致 PON 口下其他未配置的 ONU 不能被正常自动发现。

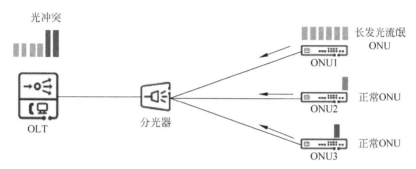

图 3-27　长发光流氓 ONU 示意图

针对长发光流氓 ONU 的处理一般分为三个过程:检测、排查、隔离。

(1) 检测(Check):检测就是定时对 PON 口进行测试,检查是否存在流氓 ONU。检测过程只能判断 PON 端口下存在长发光流氓 ONU,不能定位具体的 ONU。OLT 在 PON 上行方向开空窗,即在一段时间内,让所有在线的 ONU 停止发送上行光信号,此时进行 ONU 上行光信号的检测,如果检测到上行还有收光,则进入长发光 ONU 排查流程。

(2) 排查(Detect):排查过程就是确定具体哪个 ONU 是流氓 ONU 的过程。OLT 下发指令逐个打开 ONU 光模块的上行发光,检测是否有上行光信号,并判断当打开某个 ONU 后是否会导致其他 ONU 下线,如果某个 ONU 打开后导致其他的 ONU 均下线,就说明该 ONU 为长发光 ONU。长发光 ONU 的检测流程将对该 PON 口上的所有 ONU 均检测一遍,确保将所有长发光 ONU 均检测出来。

(3) 隔离(Isolate):隔离就是对 ONU 下发指令,关闭 ONU 光模块的发送电源,消除流氓 ONU 对 PON 口下其他 ONU 的影响。一旦 ONU 光模块上行发光被 OLT 关断后,这个关断将是永久性的,即 ONU 复位或掉电重启其光模块的上行发光也是被关断的,除非 OLT 下发命令重新打开,该机制保障了长发光 ONU 被彻底隔离。

6. ONU 节能技术

当 ONU 在空闲时段即某一时间段内流量均不超过特定门限时,若 ONU 光模块仍然处于工作状态,则存在着能耗浪费。此时,OLT 可通过周期性地关断 ONU 光模块接收和发送通道,来降低 ONU 设备功耗,达到节能的目的。节能支持打盹模式和周期性睡眠模式,遵循 ITU-T G987.3 和 G.984.3 协议。ONU 节能推荐在 FTTH 场景下使用。

1) Doze(打盹)模式

ONU 进入 Doze 模式后,OLT 对 ONU 光模块发送通道进行关断,ONU 只能接收来自 OLT 的下行数据,不向 OLT 发送上行数据。

(1) 若 ONU 本地有上行流量等待发送,ONU 可以通过本地事件打断关断状态,让 ONU 光模块的发送通道从关断状态恢复到正常状态。

(2) 若 OLT 试图让 ONU 退出该状态(如 OLT 需要升级 ONU 版本),OLT 可以发送事件唤醒 ONU,让 ONU 光模块的发送通道由关断状态恢复到正常状态。

2) Cyclic Sleep(周期性睡眠)模式

ONT 进入 Cyclic Sleep 模式后,OLT 对 ONU 光模块发送和接收通道进行关断,ONU 既不接收来自 OLT 的下行数据,也不向 OLT 发送上行数据。

(1) 若 ONU 本地有上行流量等待发送,ONU 可以通过本地事件打断关断状态,让 ONU 光模块的发送通道从关断状态恢复到正常状态。

(2) 若 OLT 试图让 ONU 退出关断状态,必须等到 ONU 睡眠定时器超期进入到短暂的唤醒状态时,OLT 发送的唤醒事件才能够得到响应,让 ONU 光模块的发送通道由关断状态恢复到正常状态。

7. PON FEC 技术

在工程实践中并不存在理想的数字信道,数字信号在各种媒质的传输过程中就会产生误码和抖动,从而导致线路的传输质量下降。

为解决此问题,需要引入纠错机制。实用的纠错码是靠牺牲带宽效率来换取可靠性,同时也增加了通信设备的复杂度。纠错技术是一种差错控制技术,按照应用场景和侧重点不同,可以分为以下两类。

(1) 检错码:重在发现误码,如奇偶监督编码。

(2) 纠错码:要求能自动纠正差错,如 BCH 码、RS 码、汉明码。

二者没有本质区别,只是应用场合不同而侧重的性能参数不同。前向纠错(Forward Error Correction,FEC)属于后者。

FEC 是一种数据编码的技术,数据的接收方可以根据编码检查传输过程中的误码。前向是指纠错过程是单方向的,不存在差错的信息反馈。

通过在发射端对信号进行一定的冗余编码,并在接收端根据纠错码对数据进行差错检测,如发现差错,由接收方进行纠正。常见的 FEC 技术有汉明码、RS 编码以及卷积码等。FEC 原理如图 3-28 所示。

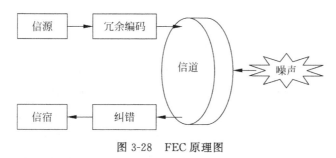

图 3-28　FEC 原理图

不同 PON 系统物理层采用的 FEC 技术如表 3-1 所示。

表 3-1　不同 PON 系统物理层采用的 FEC 技术

项　　目	GPON	10G GPON	50G PON	EPON	10G EPON
FEC 算法	RS(255,239)	XGS-PON 和 XG-PON 下行、XGS-PON 上行：RS(248,216),XG-PON 上行：RS(248,232)	下行：LDPC(17280,14592),上行 12.4416Gb/s 和 24.8832Gb/s：默认 LDPC(17280,14592),上行 49.7664Gb/s：待定	RS(255,239)	10G 上下行：RS(255,223),1G 上行：RS(255,239)
纠前误码率	BER=1E-4	XGS-PON 和 XG-PON 下行、XGS-PON 上行：BER=1E-3 XG-PON 上行：BER=1E-4	BER=1E-2	BER=1E-4	1G 上行：BER=1E-4 10G 上下行：BER=1E-3
纠后误码率	BER=1E-10	BER=1E-12	BER=1E-12	BER=1E-12	BER=1E-12
FEC 开关	FEC 可选开或关	下行 FEC 默认开,上行 FEC 由 OLT 动态控制开或关	下行 FEC 强制开,上行 FEC 默认开,可协商关闭	FEC 可选开或关	下行 FEC 默认开,上行 FEC 由 OLT 动态控制开或关

3.2.3 PON 技术演进

1. GPON 到 10G GPON 的演进

GPON 演进到 10G GPON,有以下两种不同的演进方式。

(1) 采用 XG(S)-PON Combo 模式,如图 3-29 所示,同一块 OLT 单板上同时支持 XG(S)-PON 功能和 GPON 功能,XG(S)-PON 和 GPON 的合波功能内置于 XG(S)-PON Combo 光模块中,对外体现为一个 XG(S)-PON Combo 端口和一个 XG(S)-PON Combo 光模块可以同时支持 XG(S)-PON 和 GPON 功能。当现网的 GPON 升级为 XG(S)-PON 的时候,需要将现网的 GPON 单板(包含 GPON 光模块)更换为 XG(S)-PON Combo 单板(包含 XG(S)-PON 光模块),ONU 种类可按需部署,支持 GPON ONU、XG-PON ONU 和 XGS-PON ONU 在同一个 ODN 下共存。

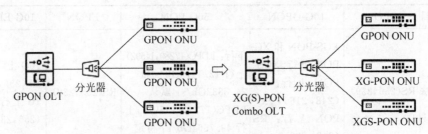

图 3-29　GPON 演进到 XG(S)-PON Combo

采用 XG(S)-PON Combo 模式,OLT 侧可以一步到位,ONU 侧可以针对用户按需部署,该模式可用于主流运营商的新建场景和现网 GPON 升级场景。

① 在新建场景:可以直接采用 XG(S)-PON Combo 单板进行新建,如果用户需要高带宽的高清晰视频业务,可采用 XG(S)-PON ONU。如果用户是普通的上网业务,可以布放较便宜的 GPON ONU 以节约成本。

② 在现网 GPON 升级场景:OLT 侧一步到位将原来部署的 GPON 单板直接更改为 XG(S)-PON Combo 单板,支持 XG(S)-PON Combo 接入的能力。成本占比更大的 ONU 则可以根据客户套餐的提升而逐渐部署,如果客户还沿用原来的业务套餐,可继续使用以前的 GPON ONU;如果客户需要更高的业务带宽,可将原来的 GPON ONU 更换为 XG(S)-PON ONU。

（2）采用外置 WDM1r 模式,XG(S)-PON Combo 需要把原来现网的 GPON 单板替换掉,会更改现网 GPON 的业务数据,导致用户的业务会出现短暂的中断,所以也有些运营商准备采用外置 WDM1r 的演进方式。如图 3-30 所示,在外置 WDM1r 模式中,原来的 GPON OLT 及配置数据都不需要变更,只需要在局端增加一个 WDM1r 合分波器。如果有用户需要申请更高的业务套餐,新建 XG(S)-PON OLT,将新建的 XG(S)-PON 端口光纤连接到 WDM1r 端口,即可升级支持 XG(S)-PON。

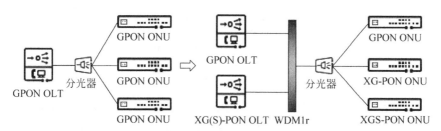

图 3-30　采用外置 WDM1r 模式支持 XG(S)-PON

如果运营商早期部署 GPON 的时候,已经部署了 WDM1r,采用这种模式演进就会非常平滑,原来的 GPON 单板和 GPON 的配置数据不需要修改和变更,新增 XG(S)-PON 不会引起对业务中断,只需新增 XG(S)-PON ONU,配置 XG(S)-PON 的数据即可。

如果运营商早期部署 GPON 的时候,没有部署 WDM1r,也可以采用外置 WDM1r 的方式升级支持 XG(S)-PON,通过在 OLT 外置一个 WDM1r 合波器,实现 XG(S)-PON 和 GPON 在同一个 ODN 下共存。但是这种改造模式需要额外的空间放置外置的 WDM1r 模块,而且原来 GPON 建设的时候也需要考虑光功率预算的余量(外置 WDM1r 会引入额外的 1.5dB 左右衰减)。

2. GPON/10G GPON 到 50G PON 的演进

原有的 GPON 或者 10G GPON 网络演进到 50G PON 网络,使用波分共存的方式进行演进。

（1）如果原有网络为 GPON 模式,采用 50G PON Combo 模式,同一块 OLT 单板上同时支持 50G PON 功能和 GPON 功能,50G PON 和 GPON 的合波功能内置于 50G PON Combo 光模块中,对外体现为一个 50G PON Combo 端口和一个 50G PON Combo 光模块可以同时支持 50G PON 和 GPON 功能。当现网的 GPON 升级为 50G PON 的时候,需要将现网的 GPON 单板(包含 GPON 光模块)更换为 50G PON

Combo 单板(包含 50G PON 光模块),ONU 种类可需部署,支持 GPON ONU、50G PON ONU 在同一个 ODN 下共存,如图 3-31 所示。

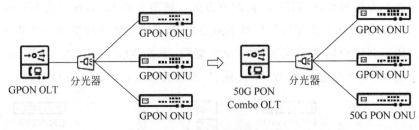

图 3-31　GPON 演进到 50G PON

(2) 如果原有网络为 10G GPON 模式,采用 50G PON Combo 模式,同一块 OLT 单板上同时支持 50G PON 功能和 10G GPON 功能,50G PON 和 10G GPON 的合波功能内置于 50G PON Combo 光模块中,对外体现为一个 50G PON Combo 端口和一个 50G PON Combo 光模块可以同时支持 50G PON 和 10G GPON 功能。当现网的 10G GPON 升级为 50G PON 的时候,需要将现网的 10G GPON 单板(包含 10G GPON 光模块)更换为 50G PON Combo 单板(包含 50G PON 光模块),ONU 种类可需部署,支持 XG-PON ONU、XGS-PON ONU 和 50G PON ONU 在同一个 ODN 下共存,如图 3-32 所示。

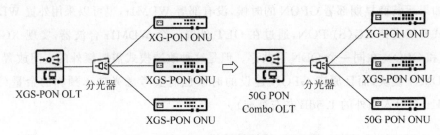

图 3-32　10G GPON 演进到 50G PON

3. EPON 到 10G EPON 的演进

EPON 演进到 10G EPON,OLT 侧需要将 EPON OLT 更换为 10G EPON OLT,ONU 侧按需部署 ONU,EPON ONU 和 10G EPON ONU 可同时在同一个 ODN 下共存,如图 3-33 所示。

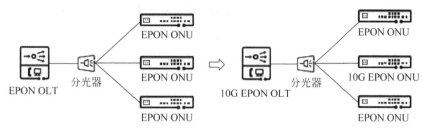

图 3-33　EPON 演进到 10G EPON

3.2.4　PON 技术标准

PON 标准制式主要分为两个大类,分别对应 ITU-T 和 IEEE 两个标准组织, ITU-T 和 IEEE 分别定义了一套 PON 的标准并进行演进。

如图 3-34 所示,ITU-T 和 IEEE 两个标准组织之间,存在着一定的协同,例如在 PON 的物理层上尽量共用波长和速率等,共享 PON 产业链。

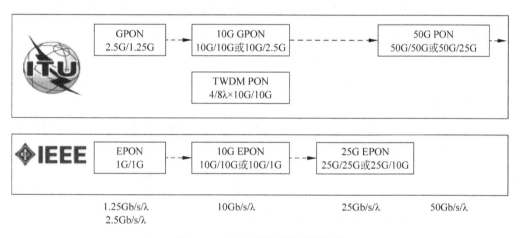

图 3-34　PON 的标准制式及演进

ITU-T 制定的 GPON、10G GPON 等标准和技术,是业界的主流 PON 技术。当前业界使用的绝大部分 PON 接入都是基于 ITU-T 标准体系制定的 GPON、10G GPON 标准和技术。

1. GPON 序列技术标准

ITU-T 定义的 GPON 序列标准如下。

（1）ITU-T G. 984.1 Gigabit-capable Passive Optical Networks（GPON）：General Characteristics,主要讲述 GPON 技术的基本特性和主要的保护方式。

（2）ITU-T G. 984.2 Gigabit-capable Passive Optical Networks（GPON）：Physical Media Dependent（PMD）Layer Specification,主要讲述 GPON 的物理层参数,如光模块的各种物理参数,包括发送光功率、接收灵敏度、过载光功率等。同时定义了不同等级的光功率预算。

（3）ITU-T G. 984.3 Gigabit-capable Passive Optical Networks（G-PON）：Transmission Convergence Layer Specification,主要讲述 GPON 的传输汇聚（Transmission Convengence,TC）层协议,包括上下行的帧结构及 GPON 的工作原理。

（4）ITU-T G. 984.4 Gigabit-capable Passive Optical Networks（G-PON）：ONT Management and Control Interface Specification,主要讲述 GPON ONT 的管理维护协议。

（5）ITU-T G. 984.5 Gigabit-capable Passive Optical Networks（G-PON）：Enhancement Band,主要讲述通过波分复用方式为未来业务信号预留的波长范围。

（6）ITU-T G. 984.6 Gigabit-capable Passive Optical Networks（GPON）：Reach Extension,主要讲述 GPON 通过中继、光放大器等技术来实现 PON 长距离传输的架构和接口参数,最大可达 60km 距离。

（7）ITU-T G. 984.7 Gigabit-capable Passive Optical Networks（GPON）：Long Reach,主要讲述 GPON 长距离最大 60km 距离和差分 40km 距离的规格。

（8）ITU-T G. 988 ONU Management and Control Interface（OMCI）Specification,主要讲述 OMCI 管理协议,用来管理 GPON 系列 ONT。

ITU-T 定义的 10G GPON 序列标准如下。

（1）ITU-T G. 987.1 10-Gigabit-capable Passive Optical Networks（XG-PON）：General Requirements,主要讲述非对称的 10G GPON 技术的基本要求。

（2）ITU-T G. 987.2 10-Gigabit-capable Passive Optical Networks（XG-PON）：Physical Media Dependent（PMD）Layer Specification,主要讲述非对称 10G GPON 的物理层参数,如光模块的各种物理参数,包括发送光功率、接收灵敏度、过载光功率等。同时定义了不同等级的光功率预算。

（3）ITU-T G. 987.3 10-Gigabit-capable Passive Optical Networks（XG-PON）：Transmission Convergence Layer（TC）Specification,主要讲述非对称 10G GPON 的

TC 层协议,包括上下行的帧结构及工作原理。

（4）ITU-T G.987.4　10-Gigabit-capable Passive Optical Networks（XG-PON）：Reach Extension，主要讲述 10G GPON 通过中继、光放大器等技术来实现 PON 长距离传输的架构和接口参数,最大可达 60km 距离。

（5）ITU-T G.9807.1　10-Gigabit-capable Symmetric Passive Optical Network（XGS-PON）,主要讲述对称的 10G GPON 技术的要求。

ITU-T 定义的 40G GPON 序列标准如下。

（1）ITU-T G.989.1　40-Gigabit-capable Passive Optical Networks（NG-PON2）：General Requirements,主要讲述 40G GPON 技术的要求。

（2）ITU-T G.989.2　40-Gigabit-capable Passive Optical Networks 2（NG-PON2）：Physical Media Dependent（PMD）Layer Specification,主要讲述 40G GPON 的物理层参数,如光模块的各种物理参数,包括发送光功率、接收灵敏度、过载光功率等。

（3）ITU-T G.989.3　40-Gigabit-capable Passive Optical Networks（NG-PON2）：Transmission Convergence Layer Specification，主要讲述 40G GPON 的 TC 层协议,包括上下行的帧结构及工作原理。

ITU-T 定义的 50G PON 序列标准如下。

（1）ITU-T G.9804.1 Higher Speed Passive Optical Networks-Requirements,主要讲述更高速 PON(50G PON)的需求,包括更高速的单通道时分复用 PON、更高速的多通道时分复用 PON 以及更高速的点对点 PON。

（2）ITU-T G.9804.2 Higher Speed Passive Optical Networks：Common Transmission Convergence Layer Specification,主要讲述更高速 PON（50G PON）的传输汇聚层的规格,包括上下行的帧结构及工作原理。

（3）ITU-T G.9804.3 50-Gigabit-capable Passive Optical Networks（50G-PON）：Physical Media Dependent（PMD）Layer Specification,主要讲述 50G PON 的物理层参数,如光模块的各种物理参数,包括发送光功率、接收灵敏度、过载光功率等。

2. EPON 序列技术标准

IEEE 定义的 EPON 序列标准如下。

（1）IEEE 802.3-2008 Carrier Sense Multiple Access with Collision Detection（CSMA/CD）Access Method and Physical Layer Specifications Part3,主要讲述 EPON 的物理层和链路层要求。

(2) IEEE 1903. 1-2013 IEEE Standard for Service Interoperability in Ethernet Passive Optical Networks（SIEPON），主要讲述 EPON 和 10G EPON 的业务层的互通规范，包括包 A、包 B 和包 C 三种规格。

IEEE 定义的 10G EPON 序列标准如下。

IEEE 802. 3av：Physical Layer Specifications and Management Parameters for 10Gb/s Passive Optical Networks，主要讲述 10G EPON 的物理层和链路层规格。

3.3　低时延 PON 技术

近年来，随着各种互联网新兴业务的崛起以及 PON 系统的行业应用场景延伸，PON 系统的带宽需求会进一步增加，业界需要考虑下一代 PON 的方案选择。在中国运营商及设备商的共同努力下，ITU-T SG15 Q2 于 2018 年 2 月正式启动 50G 单波长 PON 标准立项。选择 50G TDM PON（单通道 50G PON）作为 10G EPON 以及 XG(S)-PON 的下一代 PON 技术，面向 2025 年左右部署已成为业界共识。在 50G PON 系统标准的制定和讨论中，由于新业务及新场景的需求，除了带宽以外，也需要考虑低时延的特性。因此，在 50G PON 标准的制定和讨论中，多个低时延相关的技术方案都被提出并落实相关标准。

(1) 单帧多突发方案。

(2) 独立注册通道方案。

这些低时延 PON 技术不仅可以应用在 50G PON，也可以应用在当前的 10G PON 上，通过这些低时延的技术方案的引入，PON 系统的最大时延可由原来的毫秒量级降至 $200\mu s$ 甚至更低。

3.3.1　单帧多突发技术

在 TDM PON 系统中，上行采用 TDMA 的复用机制。OLT 负责分配及调度 ONU 的上行发送时隙，ONU 只能在 OLT 分配的时隙之内发送上行数据。由于 PON 系统是点到多点的物理拓扑连接方式，OLT 的接收时隙需要合理地分配给所有的 ONU。对于某个特定的 ONU，其上行时隙窗口是有限的，某一个上行时隙结束至下一个时隙开始的期间,是属于其他 ONU 的发送时隙,该特定 ONU 是不能发送任何上行数据的,在此期间需要发送的数据将在 ONU 本地缓存,等待下一个时隙到来再发送。因此,上行时隙间隔对于 ONU 的上行时延有较大的影响。

在 ITU 体系的 TDM PON 系统中,ONU 的上行时隙分配报文位于每个下行帧帧头固定开销的 BWmap 中,每个 BWmap 可以完成该下行帧所对应的 $125\mu s$ 上行时隙分配。每帧 ONU 所得到的突发时隙个数与上行数据最大时延的对应关系如图 3-35 所示。当每 $125\mu s$ 的帧中,ONU1 只有 1 个上行发送时隙时,其发送间隔可以达 $125\mu s$,最大上行时延也是 $125\mu s$;当每 $125\mu s$ 的帧中,ONU1 有 4 个上行发送时隙时,那各个时隙之间的间隔是 $125/4＝31.25\mu s$,上行时延可以缩减到原来的 1/4。

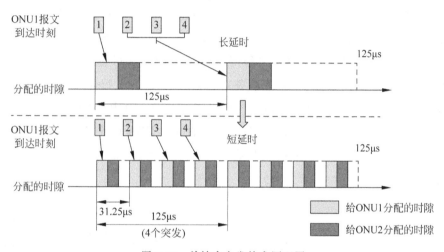

图 3-35　单帧多突发技术原理图

3.3.2　独立注册通道技术

TDM PON 系统中引人时延和抖动的另外一个因素是新 ONU 的注册和测距过程,为了保证能够允许新 ONU 的接入,OLT 会定期开启静默窗口,在此期间,已上线的 ONU 不允许发送上行数据,只有未注册的 ONU 才允许发送注册请求消息。由于典型 PON 系统允许的 ONU 距离需要覆盖 $0\sim20\text{km}$,因此在光纤上传输的往返时延差达到 $200\mu s$。因此,在 ONU 注册阶段,静默窗口大小通常是 $250\mu s$,其中 $200\mu s$ 为不同 ONU 到达 OLT 的往返时延差,$2\mu s$ 是不同 ONU 的响应时间差,剩余 $48\mu s$ 为 ONU 在收到授权开窗时额外做的随机时延,用于降低距离相近的 ONU 在上行注册时的冲突概率。除了注册外,当 ONU 需要测距时,OLT 也需要利用上行静默窗口来完成。

由于注册/测距窗口是不允许正常 ONU 发送上行数据的,而如果此时 ONU 有上行业务需要发送,只能等待静默窗口结束再发送,因此,PON 系统的注册/测距窗口会引入额外的时延,通常情况下,该时延为 250μs。

为了避免注册/测距开窗引入的额外时延和抖动,一种有效的方法就是引入额外的一个波长通道。OLT 和 ONU 都具备 2 个上行通道,其中一个上行通道用于正常的业务和管理;另一个通道用于注册/测距,同时,该注册/测距通道也可以用于发送上行业务。

一种典型的利用独立注册通道的 PON 系统如图 3-36 所示。在该系统中有 2 个上行波长通道和 1 个下行波长通道,上行和下行分别采用不同的波长,通过波分复用共用同一个 ODN 网络。ONU 的激活响应报文的发送、ONU 激活上线之后的用户数据发送,可根据业务需求灵活配置对应到哪个通道,如第一上行通道配置成激活+用户数据发送(此时,该通道为时延较大的上行通道,主要用于传输时延不敏感的用户数据或业务),第二上行通道配置成只进行用户数据收发(该上行通道为低时延的上行通道,用于传输时延敏感的用户数据或业务),或者反之,第一上行通道配置成只进行用户数据收发,第二上行通道配置成激活+用户数据发送。在某些特定应用场景下,为了实现两个上行发射通道间的负荷均衡,OLT 的两个 DBA 调度模块之间需要进行相应的信息互通,以使上行带宽调度更有效率。两个上行通道的上行带宽授权,可由同一个下行通道中的 BWmap 来完成分配。

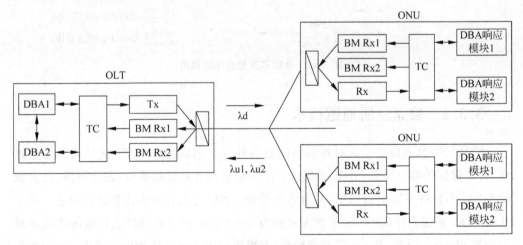

图 3-36　独立注册通道示意图

可以看到,在 TDM PON 系统中通过引入额外的注册/测距通道,可以完全消除正常业务通道因注册/测距窗口引入的额外时延和抖动。

3.4　OLT 设备切片

当前主流 OLT 基于分组交换内核,并从集中式转发架构演进到分布式转发架构。基于该转发架构的时延模型如图 3-37 所示(集中式转发架构时延构成类似)。

图 3-37　分组交换架构

分组交换架构报文转发需要实现路由查找、报文编辑、QoS 处理等环节。在报文转发的过程中,转发资源(二层查找表、三层查找表、队列资源等)需要通过共享来实现系统的可扩展性并降低实现成本,因此,报文转发在分组架构中无法实现完全隔离。

在分组交换架构下,通过对 QoS 机制的优化、队列挂接拓扑重组等技术手段,可以实现 OLT 软切片。

为了达到更好的隔离效果,双平面交换架构成为技术首选方向:系统交换网同时支持分组交换和 TDM 交换,分组交换平面兼容了原系统业务处理能力;TDM 交换平面解决了转发硬隔离的需求,并降低了转发时延。双平面交换架构如图 3-38 所示。

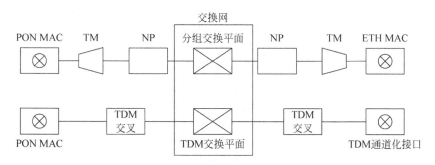

图 3-38　双平面交换架构

双平面交换架构的引入,为切片场景提供了更好的解决方案:报文在 PON MAC 重组以后,可路由到 TDM 交叉模块,通过 TDM 交换平面,实现转发物理硬隔离的低时延硬切片方案,如图 3-39 所示。

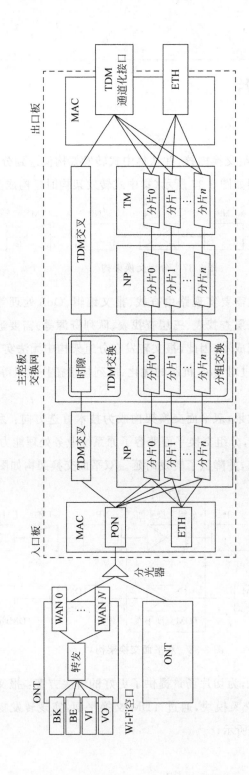

图 3-39 双平面交换架构切片实现方案

3.5　网络自动化技术

接入网具有"海量网元、海量连接、海量场景"三大特征。要实现自动化的设计目标,接入网需引入 SDN、元数据驱动和 NETCONF/YANG 等关键技术。

3.5.1　SDN

1. 什么是 SDN?

不同行业、不同组织因其应用场景、目标和实施方法的不同,对 SDN 的理解也千差万别。现在业界普遍接受的看法是 SDN 定义可归为以下三类。

(1) 狭义 SDN:等同于 Openflow。

(2) 广义 SDN:控制与转发分离。

(3) 超广义 SDN:管理与控制分离。

由于 SDN 对于传统分布式网络的颠覆,业界普遍认为未来的 SDN 应具有三大基本特征,使其可以克服现有分布式网络架构在扩展性、管理性、灵活性等方面的不足,加速整个网络的更新升级,推动整个行业快速前行,如图 3-40 所示,SDN 应具有如下三大基本特征。

(1) 转控分离,将原有转发、控制一体的形式一分为二,抽象网络底层转发设备、屏蔽复杂度,而上层控制实现高效配置和管理。

(2) 集中控制,将所有设备的控制功能都集中起来,具有更好的全局观,便于资源统一调度。

(3) 开放接口,通过标准接口,实现开放 App 应用以及通过软件可编程,便于快速引入新业务。

SDN 的本质定义就是软件定义网络,也就是说希望应用软件可以参与对网络的控制管理,满足上层业务需求,通过自动化业务部署简化网络运维,这是 SDN 的核心诉求。换言之,控制与转发分离只是为了满足 SDN 的核心诉求的一种手段。

综上所述,在电信领域 SDN 是对现有网络架构的一次重构,使得未来网络业务仅仅通过 SDN 控制器的编程、增加和升级控制器上的软件程序就可以完成新业务部署,

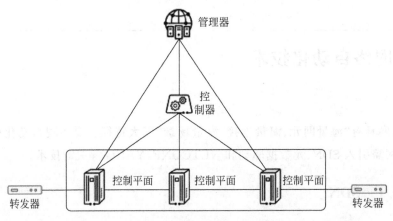

图 3-40 SDN 组网示意图

快速满足客户灵活多变的需求。

2. SDN 优势

SDN 相对于传统网络具有以下优势。

(1) 将网络协议集中处理,有利于提高复杂协议的运算效率和收敛速度,可以实现路径的实时选择。

(2) 控制的集中化有利于从更宏观的角度调配传输带宽等网络资源,提高资源的利用效率。

(3) 集中的管理控制面降低了设备安装和维护的工作量。

(4) 虚拟切片,依赖于 SDN 的可编程性和适当的 Underlay 运输层技术,可以在一个物理网络上实现多个虚拟网络。

(5) 控制策略软件化,是网络自动化的基础。

3.5.2 元数据驱动

元数据业界通用的定义为:描述数据的数据,用于承载关于数据的组织、数据域及其关系等的信息。在模型驱动架构(Model Driven Architecture,MDA)中的元数据特指用来描述软件应用的配置文件和脚本。应用开发者通过将系统的可变部分抽象并定义为元数据的行为,构造一个基于元数据驱动开发的系统。

MDA 元数据关键特征如下。

(1) 端到端:包括应用的数据和数据结构、界面、服务、业务逻辑、权限、远程调用

API 等各种配置数据。

（2）可控性：通过对配置文件的配置及脚本的开发更改可控制应用程序的界面呈现、业务逻辑走向及数据存储等。

MDA 基于用途的元数据分类，如图 3-41 所示。

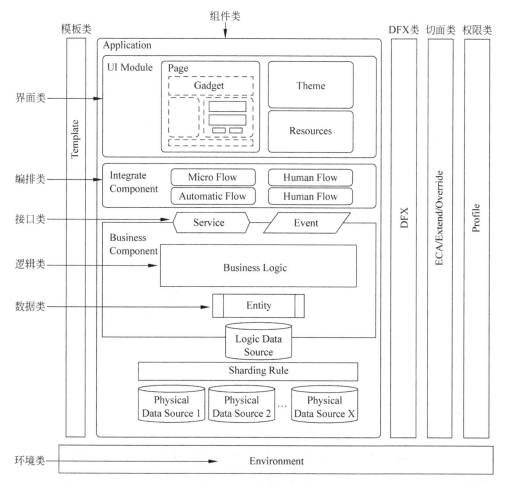

图 3-41　元数据的分类

（1）组件类：提供应用、组件以及基于组件的插件的元数据类型能力支持，对于定制插件的方式支持定制和定制分离。

（2）界面类：提供从站点、主题、页面流、页面、页面组件及页面资源的元数据类型定义，支持拖拽式开发页面。

（3）编排类：支持多个应用或组件间的服务编排能力，通过编排提供新的业务能力,支持微流程、人工流、决策流等多种编排方式。

(4) 接口类:提供服务和事件项结合的方式,组件只能通过服务和事件对外暴露能力。

(5) 逻辑类:支持脚本、XML、代码等多种业务逻辑实现方式,同时提供业务规则、上下文等处理能力。

(6) 数据类:提供基于 E-R 关系图整套数据的定义能力,同时支持和搜索引擎的打通,支持数据缓存加速等能力。

(7) 模板类:提供从组件、界面、编排、逻辑、数据等各个层次的模板能力,加速业务开发。

(8) DFX 类:支持以配置化的方式实现匿名化、校验规则、操作日志、服务性能统计等能力。

(9) 切面类:提供各个层次的元数据 Trigger 能力,对元数据扩展支持 Extend 和 Override 两种模式。

(10) 权限类:支持对定制能力进行权限约束,限制哪些可以定制,同时支持对数据权限进行定义。

(11) 环境类:对元数据引擎运行环境进行统一配置,简化使用。

在一个基于元数据定义的软件系统中,所有的软件相关的活动都由元数据驱动来完成。元数据驱动开发的基本思想就是基于元数据对象声明式开发整个应用,围绕元数据对象创建界面、业务流程、领域服务、领域对象及物理存储表结构等,围绕元数据对象进行测试(包括测试数据生成、用例管理等),围绕元数据对象进行个性化需求定制(包括界面、流程、服务、表结构等),从而通过元数据对象来驱动整个应用开发过程的进行。

MDA 元数据驱动开发的优势与特点如下。

(1) MDA 提供元数据驱动开发模式,帮助用户快速地完成定制开发,用户界面(User Interface,UI)配置化、向导式定制开发,用户无须掌握太多复杂的编程语言能力。

(2) 遵循敏捷模式与快速交付,屏蔽底层技术,降低应用开发者技术入门门槛,提升软件开发效率和协同工作的能力。

(3) AI 人工智能集成,智能复用已存经验,进一步为应用开发者提高生产力,从而提升整体开发效率。

(4) 支持业务应用多租户、多环境、多语言等基本能力。

（5）提供核心功能元数据引擎，为多种元数据类型提供平台核心引擎解释能力，从而满足业务应用多场景需求。

3.5.3　NETCONF/YANG

网络配置（Network Configuration，NETCONF）协议提供一套管理网络设备的机制，用户可以使用这套机制增加、修改、删除网络设备的配置，获取网络设备的配置和状态信息。通过 NETCONF 协议，网络设备可以提供一组完备规范的 API。应用程序可以直接使用这些 API，向网络设备下发和获取配置。

NETCONF 协议模块是自动化配置系统的基础模块。可扩展标记语言（eXtensible Markup Language，XML）是 NETCONF 协议通信交互的通用语言，为层次化的数据内容提供了灵活而完备的编码机制。NETCONF 可以与基于 XML 的数据转换技术结合使用。例如 XSLT，提供一个自动生成部分或全部配置数据的工具，这个工具可以从一个或多个数据库中查询各种配置相关数据，并根据不同应用场景的需要，使用可扩展样式表语言转换（Extensible Stylesheet Language Transformation，XSLT）脚本把这些数据转换为指定的配置数据格式。然后通过 NETCONF 协议把这些配置数据上传给设备执行。

NETCONF 协议 Client 和 Server 之间使用 RPC 机制进行通信交互。Client 必须与 Server 成功建立一个安全的、面向链接的会话，才能进行交互。

NETCONF 协议在概念上可以划分为 4 层，如图 3-42 所示。

（1）传输协议（Transport Protocol）层为 NETCONF Client 与 Server 之间交互提供通信路径。NETCONF 可以使用任何符合基本要求的传输层协议承载。

（2）远程程序呼叫（Remote Program Call，RPC）层提供一种简单的、不依赖于传输协议层的、生成 RPC 请求和回应消息框架的机制。Client 把 RPC 请求内容封装在一个<rpc>元素内，发送给 Server；Server 把请求处理结果封装在一个<rpc-reply>元素内，回应给 Client。

（3）Operations（协议操作）层定义一组基本的操作，作为 RPC 的调用方法，可以使用 XML 编码的参数调用这些方法。

（4）Content（管理对象）层定义配置数据模型，数据模型定义依赖 NETCONF 的实现情况。

YANG 是 IETF 在 RFC 6020 中定义的用于网络配置的数据模型描述语言，以支持 NETCONF 接口协议，实现网络配置的标准化。YANG 语言把数据组织成层次化

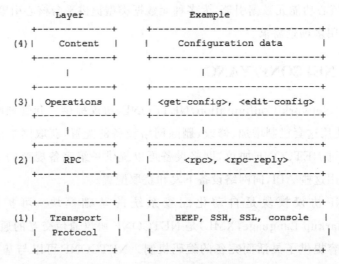

图 3-42　NETCONF 协议框架

的树形结构,层次化的数据可以被 NETCONF 操作(配置、状态数据、RPCs 与通知),并可完备表达 NETCONF Client 与 Server 之间的数据,如图 3-43 所示。

```
container system {
    container login {
        leaf message {
            type string;
            description
                "Message given at start of login session";
        }
    }
}
NETCONF XML 示例:
<system>
  <login>
    <message>Good morning</message>
  </login>
</system>
```

图 3-43　YANG 示例

(1) 整个树形结构由 Node 组成,每一个节点有一个名字,并有一个值(Leaf)或者有一组子节点。

(2) YANG 可以描述加在数据上的约束,可约束外观或者节点的值。

(3) YANG 定义了一组内嵌式的类型并提供一种自定义类型的机制。YANG 同时可以允许定义可重用的节点组,这些节点组在实例化时可重定义。

(4) YANG 模块可以被翻译成对等的 XML 语法 YIN(YANG Independent Notation),允许应用使用 XML parser 与可扩展样式表语言转换(eXtensible Stylesheet Language Transformation,XSLT)操作模块,而且转换是无损的。

(5) 为了维护可扩展性,YANG 保持了对管理信息结构(Structure of Management Information,SMI)的兼容性,也就是 SMI 描述的简单网络管理协议(Simple Network Management Protocol,SNMP)模块可以转换为 YANG 模块。

NETCONF/YANG 成为业界的发展趋势,越来越多的运营商要求支持设备和网络控制器支持 NETCONF 协议和标准 YANG 模型,YANG 生态如图 3-44 所示。

图 3-44　YANG 生态

3.5.4　分层抽象以及横向集成

接入网由于面对的部署场景多样,导致接入技术多样,同时接入设备的厂家也较多。采用传统的纵向集成的方式,接入设备集成到运营商的 OSS 中是一项耗时费钱的工程。吸纳 SDN 的接口 API 化、标准化、可编程调用的思想,在接入领域引入基于标准模型驱动的管控组件,通过分层抽象屏蔽技术和厂家差异做到横向集成,如图 3-45 所示,减少新技术和新设备导入的变动范围,通过南向标准模型的 API 对接各个厂家的接入设备加速新设备的集成,通过北向提供开放 API 接口给上层系统直接调用简化 OSS 集成的难度,最终提升端到端自动化的开发和使用效率。

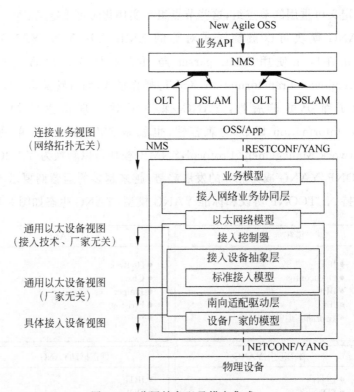

图 3-45　分层抽象以及横向集成

3.5.5　原子 API 编排提供业务级可编程 API

管控析层的控制器模块,也叫作网络自动化平台,基于这个平台提供了原子 API 的编排能力,带来了如下好处。

(1) 对于平台自身提供的业务,可以基于已有资源模型和策略模型通过编排快速地、动态地提供新的业务。

(2) 对于已有北向接口,屏蔽底层网络实现技术的变化,由编排层完成对新设备、新技术或新架构的协同,从而在不变动北向接口及 OSS 依赖的相关流程情况下,引入新设备、新技术。

(3) 对已有的北向网元级接口进行编排,提供抽象级别更高的业务级 API 接口,可软件编程驱动,从而降低系统集成和 OSS 处理流程的复杂度,且在引入新的业务级接口时并不会影响已经部署的业务。

图 3-46 是对原子接口进行编排的流程示意图。系统底层现有的原子接口导入设

计态环境作为编排的素材。接口设计人员根据运营商的业务要求把原子接口编程到满足要求的流程中形成新的更高层级的业务级接口。新的业务级接口定义文件打包动态导入运营态,呈现在对外的业务接口目录中以供运营商 OSS 调用。

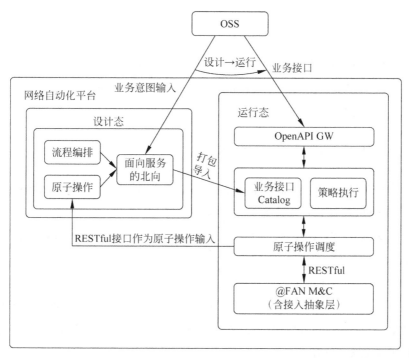

图 3-46 基于平台对原子接口进行编排的流程示意图

例如在特定运营商应用场景下,通过对已有的 FTTx 业务发放相关的原子接口进行编排可达到如下效果。

(1) OLT 注册。

6 个原子操作→1 个业务接口。

(2) ONT 替换。

4 个原子操作→1 个业务接口。

(3) ONT 删除。

3 个原子操作→1 个业务接口。

3.6 管道质量监测技术

管道质量可视关键技术包括 TCP/UDP eMDI、随流检测（In-situ Flow Information Telemetry，IFIT）/随流操作、管理和维护（In-situ Operation，Administration and Maintenance，IOAM）等。

3.6.1 TCP/UDP eMDI 技术

媒体传输质量指标（Media Delivery Index，MDI）和 eMDI 是通过测量业务报文的传输特征，来提取和计算报文及业务 KPI 的一种手段。

MDI 技术由 IETF RFC 4445 定义，实现了媒体流传输过程中延时和丢包两个维度的度量。

eMDI 技术是 MDI 技术的增强，由两个 RFC 草案所定义。

draft-ding-tcp-emdi-00 定义了基于 TCP 承载层 KPI 的度量。在测量过程中引入"测量点"概念，以测量点为基础，可以实现从测量点到用户侧、从测量点到网络侧的度量。测量指标如表 3-2 所示。

表 3-2　TCP eMDI 指标

测量指标	指标说明	指标含义
UPLR	Upstream Packet Lost Ratio	从服务器到测量点的丢包率
DPLR	Downstream Packet Lost Ratio	从测量点到用户终端的丢包率
URTT	Upstream Average RTT	从服务器到测量点的报文平均往返时间
DRTT	Downstream Average RTT	从测量点到用户终端的报文平均往返时间
E2ET	End to End Throughput	从用户终端到服务器的吞吐量（包数）
DT	Downstream Throughput	在测量点观测到的下行每秒吞吐量（包数）
UT	Upstream Throughput	在测量点观测到的上行每秒吞吐量（包数）

draft-zheng-emdi-udp-00 定义了基于 UDP 承载的媒体流的度量。其在 RFC4445 的基础上，利用前向纠错技术（Forward Error Correction，FEC），引入了有效丢包因子（Effective Loss Factor，ELF）的概念，更好地实现了传输质量的度量。

在现网 IPTV 业务、VR 业务以及视频回传业务中，UDP eMDI 技术已经大量应用于提升视频业务的运营能力。

TCP eMDI 技术不仅可以用于上层应用中媒体流的时延和丢包的度量,也可以用于文件传输协议(File Transfer Protocol,FTP)下载、超文本传输协议(Hypertext Transfer Protocol,HTTP)、加密的 HTTP(HTTP Secure,HTTPs)等应用的传输层 KPI 的度量。

3.6.2　IFIT/IOAM 带内探测技术

当前已经有多种业务检测/探测技术在使用。

(1) 二层组网应用中,有 ITU-T 所定义的 Y.1731 技术,IEEE 所定义的 802.1AG、802.3AH 技术。

(2) 三层组网应用中,有 Ping/Traceroute、TWAMP 技术等。

这些技术手段有个共同的特点:业务检测/探测报文由相关功能模块单独发送和接收,和用户实际业务流共用转发路径及业务报文分离,因此称之为带外探测技术。

带外探测技术由于和业务报文相互独立,采集信息和业务报文不严格对应,导致探测结果和实际业务的质量有偏差,因此,无法满足网络智能化精确测量的要求。针对带外探测技术的缺点,业界定义和实现了带内探测技术 IFIT/IOAM。

IOAM 是 Cisco 联合 Facebook 及 Mellanox、Marvell、Barefoot 等公司于 2016 年在 IETF 提交的技术方案,后更名为 In-situ OAM。在 IOAM Ingress 节点,对指定业务流的报文插入 IOAM 头,包含时间戳、node ID、接口 ID、Sequence Number 等信息。在 IOAM Transit 节点,对指定业务流的报文插入当前节点的时间戳(取自网络时钟/时间同步协议,如 1588v2 等)、node ID、接口 ID。在 IOAM Egrss 节点,对指定业务流的报文插入当前节点的时间戳、node ID、接口 ID。解封装后,把指定周期内的采集数据上送分析器。在采集分析器节点,对统计周期内的报文进行分析,将发包的序列号和接收端的序列号进行对比,差额就是丢失的报文。IOAM 只需要网络首尾节点部署,即可完成测量。

IOAM 当前不支持 MPLS 封装,也不支持逐跳丢包检测,所以应用场景比较受限。

IFIT 是在 IOAM 基础上增强的带内探测技术,由 IETF 于 2021 年初步定义 (draft-song-opsawg-ifit-framework-14)。IFIT 定义了用户报文携带 Telemetry 指令头(Telemetry Information Header,TIH),中间节点逐点上报数据。数据输出可以采用 UDP 封装,转发面直接生成 UDP 上报报文,直接上送数据前置处理模块。支持端到端测量,中间点不感知;也可以逐点部署,逐跳检测;支持多协议标记交换

(Multiprotocol Label Switching，MPLS)，基于 MPLS 的段路由（Segment Routing-MPLS，SR-MPLS）封装，第六版因特网协议（Internet Protocol version 6，IPv6）封装，基于 IPv6 的段路由（Segment Routing-IPv6，SRv6）封装，第四版因特网协议（Internet Protocol version 4，IPv4）封装以及以太网封装。

IFIT 满足了逐跳丢包检测的诉求，可以实现质差问题的精确定界。

3.7 网络智能化技术

智能化的基础是数据、算法和算力。传统的数据采集技术已经无法满足智能化算法和应用所需要的更为高效实时的数据采集需求，需要引入 Telemetry 技术。有了大量的数据后，接入网领域的一些依赖人工很难或者无法解决的问题，可以被领域和算法专家抽象为分类、聚类、回归、关联问题，机器学习和 AI 算法就可以发挥作用来大幅提高效率。特别在一些实时性要求高、算力要求大的场景下，仅靠通用的中央处理单元（Central Processing Unit，CPU）无法提供实时控制所需要的推理反馈，这个时候就需要考虑引入擅长进行 AI 推理的专用芯片。

3.7.1 Telemetry 技术

网络传输过程中存在很多的微突发现象，此时如果报文超过设备转发能力将被丢弃，导致通信双方重传报文，进而影响通信质量。微突发流量越多，网络通信质量越差，因此网管需要及时检测到微突发现象，并且快速进行调整。传统数据采集技术如图 3-47 所示，不适合现代网络和安全性要求，此时，需要提供快速、高效的网络感知服务，便于及时监控网络的性能状况。

传统的网络监控方式多是数据前置处理模块通过拉模式（Pull Mode）来获取监控数据，存在以下很多不足。

（1）资源消耗大：拉模式需要数据消费者（管理分析系统）维护采集状态机和定时器，消耗的资源大，无法监控大量网络节点，限制了网络增长。

（2）数据精度低：智能运维对网络节点数据精度要求越来越高，传统的网络监控方式只能依靠加大查询频率来提升获取数据的精度，会使得监控操作本身对网络节点

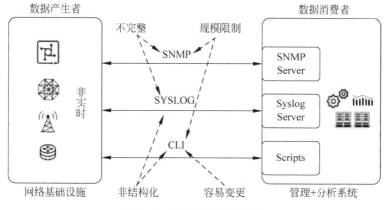

图 3-47　传统数据采集技术

产生影响,导致网络节点 CPU 利用率高而影响设备的正常功能。

(3) **数据实时性差:**由于网络传输时延的存在,监控到的网络节点数据并非实时。

(4) **数据结构化弱:**传统的网络监控传递的数据是非结构化数据(缺乏标准模型定义),智能对接难度大。

Telemetry 技术通过高速实时的推模式(Push Mode)来上报数据指标,为网络问题的定位、网络质量优化调整提供最底层最基础也最重要的数据支持。

Telemetry 是从传统的 SNMP 方式(Pull Mode)演进为高性能的下一代网络采样模式(Push Mode),如图 3-48 所示,"推模式"基于模型的数据格式上报,提供更高效的传输机制,变化点如下。

(1) **采集方式:**从拉模式到推模式(基于时间和基于事件触发数据订阅,随后数据持续推送)。

(2) **建模:**支持基于 YANG 模型推送数据。

(3) **传输机制:**从 SNMP 到更高效率传输机制 Google 远程过程调用(Google Remote Procedure Call,gRPC)协议。

SNMP Trap 和 SYSLOG 虽然是推模式的,但是其推送的数据范围有限,仅是告警或者事件,对于类似接口流量等的监控数据不能采集上送。

Telemetry 监测提供推模式来监测网络,如表 3-3 所示,Telemetry 相对传统网络监控方式优势如下。

(1) 提升监测数据的实时性。

(2) 减少网元压力。

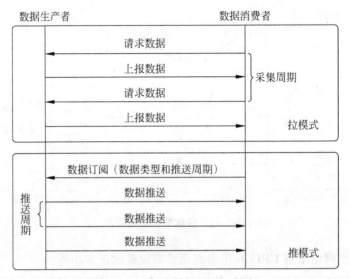

图 3-48 拉模式和推模式对比

（3）可以支持更大的网络规模。

表 3-3　Telemetry 与传统网络监控方式的对比

对　比　项	SNMP get	SNMP Trap	CLI	SYSLOG	Telemetry
工作模式	拉模式	推模式	拉模式	推模式	推模式
精度	分钟级	秒级	分钟级	秒级	亚秒级
数据范围	所有数据	仅有告警	所有数据	仅有事件	所有数据
是否结构化	MIB 定义结构	MIB 定义结构	非结构化	非结构化	YANG 模型定义结构

1. Telemetry 框架

Telemetry 是一个网络性能监控技术，包括数据生成、收集、存储和分析系统，Telemetry 框架如图 3-49 所示。

（1）针对网元设备：Telemetry＝数据模型＋编码＋传输协议。

（2）针对网络管理系统：Telemetry＝收集＋过滤＋存储＋数据分析系统。

（3）数据前置处理模块（Data Collector，采集器）和分析器（Data Analyzer）。

① 数据前置处理模块位于管理系统侧，用于收集、过滤和存储网络设备上报的监控数据。

② 分析器位于管理系统侧，用于分析监控数据。

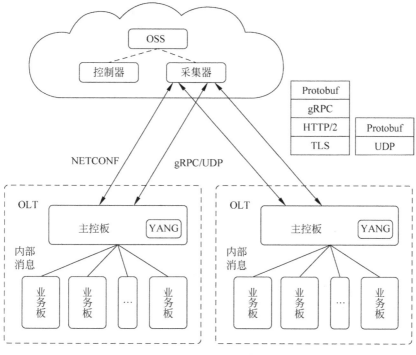

图 3-49　Telemetry 框架

（4）网络设备（Data Source）。

按照数据前置处理模块的要求，周期性采样和上报性能数据。

2. Telemetry 模型

网络设备上的数据都可以通过模型进行描述，保证网管和设备之间的交互正确实现。所谓模型驱动，是指用户或者网管可以通过指定模型路径的方式来通知设备，需要推送哪些数据，同时设备也要按此模型定义的格式进行数据上报。

如图 3-50 所示，Telemetry 技术的采样数据源来自设备的转发面、控制面和管理面，数据按照 YANG 模型描述的结构进行组织，利用谷歌混合语言数据标准（Google Protocol Buffer，GPB）格式编码，并通过 gRPC 或 UDP 协议将数据上送至数据前置处理模块和分析器进行分析处理。

1）YANG 模型

YANG 是一种数据建模语言，用于为各种传输协议操作进行配置数据模型、运行数据模型、远程调用模型和通知机制等。

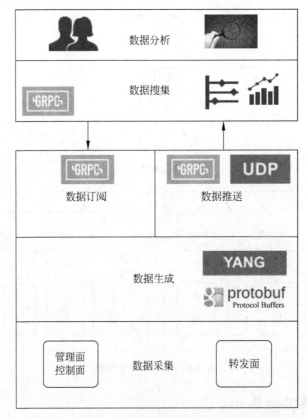

图 3-50 Telemetry 采用模型驱动的数据采集方式

2）GPB 格式编码

GPB 编码格式,是一种与语言和平台无关、扩展性好、用于通信协议、数据存储的序列化结构数据格式。GPB 通过".proto"文件描述编码使用的字典,即数据结构描述。同时可以利用 Protoc 等工具软件根据".proto"文件自动生成代码(如 Java 代码),然后基于自动生成的代码进行二次开发,对 GPB 进行编码和解码,从而实现设备和数据前置处理模块的对接。

例如,一个中间商描述订单的 dealer.order.proto 文件描述如下:

```
Package dealer
message Order
{
required int32 time = 1;              // 时间(用整数表示)
required int32 userid = 2;            //客户 id(用整数表示)
```

```
required float price = 3;                //单价(浮点数)
required int32 quantity = 4 ;            //数量(整数)
optional string desc = 5;                //订单描述(字符串)
}
```

中间商订单分析系统从各个分支机构采集订单数据的逻辑结构如图 3-51 所示。

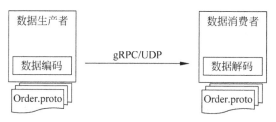

图 3-51　数据生产者和消费者使用同一个 .proto 文件实现对接

GPB 格式的兼容性也很好,可以在 YANG 模型、JSON 模型、XML 模型下灵活转换。GPB 主要包含两种编码格式:紧凑格式和 key-value 格式,如表 3-4 所示,紧凑格式使用数字编号代替了关键字,实现消息的紧凑化;key-value 格式和 JSON 模型是一致的。

表 3-4　GPB 的紧凑格式和 key-value 格式

紧凑格式(数字编号)	key-value 格式(关键字)
1：324156	time：324156
2：12345678	userid：12345678
3：21.99	price：21.99
4：30	Quantity：30
5："VIP customer"	desc："VIP customer"

在设备和数据前置处理模块之间传输数据时,GPB 格式编码的数据比其他格式编码的数据具有更高的信息负载能力,保证了 Telemetry 业务的数据吞吐能力,同时降低了 CPU 和带宽的占用率。

3. 数据订阅

Telemetry 数据采用订阅和上报的方式,支持静态和动态订阅监测数据。

1) 静态订阅监测数据

(1) 数据前置处理模块通过命令行视图(Command-line Interface,CLI)、NETCONF 等接入方式连接到设备之后,创建静态订阅配置,采用 openconfig 定义的

opconfig-telemetry. YANG 模型,指定采样哪些数据源,按照什么频率采用哪种通道、格式上传给某个数据前置处理模块。

(2) 设备按照静态订阅的配置,将周期采样数据上传给数据前置处理模块。

(3) 在系统重启或主备倒换时,Telemetry 静态订阅的配置会保存;重启或倒换完成后,Telemetry 功能会重新加载配置,采样和上报任务会继续运行。

2) 动态订阅监测数据

(1) 需要在设备上使用 gRPC 服务。

(2) 数据前置处理模块通过 gRPC 连接到设备之后,下发订阅请求来获取采样数据。

(3) 下发订阅请求的报文格式按照 openconfig 定义的 openconfig-rpc. YANG 描述,在报文中指定采样的传感器路径、采样频率、上送的报文格式等。

(4) 设备收到请求后,对指定传感器资源进行采样,在当前的 gRPC 连接中上报给数据前置处理模块。

(5) 当连接断开时,采样任务结束;需要数据前置处理模块再次连接,再次订阅。

4. 数据上报

Telemetry 数据上报采用 gRPC 或者 UPD 传输协议,数据内容采用 GPB 编码格式。

1) gRPC

gRPC 是一个高性能、开源和通用的 RPC 框架,面向移动和 HTTP/2 设计,支持多语言版本。

gRPC 具有诸如双向流、流控、头部压缩、单 TCP 连接上的多复用请求等特性。这些特性使其在移动设备上表现更好,更省电,更节省空间。其支持 TLS1. 2 加密通道,是安全可靠的传输方式。

2) UDP

UDP 方式因为是无连接的,所以支持采样数据从框式设备的单板甚至是芯片直接上传,采样数据的实时性比 gRPC 更高。但是 UDP 承载方式的加密手段只能使用数据报传输层安全(Datagram Transport Layer Security,DTLS)协议,不像传输层安全(Transport Layer Security,TLS)协议那么普遍。

3.7.2　机器学习

1. 什么是机器学习

机器学习(Machine Learning)也叫作机器训练,是针对一个特定问题,让机器(计算机)根据历史数据建立一个输入特征和输出结果之间函数关系的过程;这个函数我们通常叫作模型,而这个函数的输入我们一般叫作特征集,这个特征集标识了哪些数据是这个模型的影响因子。

1) 传统机器学习

传统机器学习有着严格的数据理论支撑,在整个工作流中,特征工程占了工作量的绝大部分:业务专家根据自己的经验来选择特征集,特征提取质量和数据指标会直接影响建模效果。

2) 表示学习

表示学习也叫作特征学习,严格来讲是整个机器学习流水线(Pipeline)中特征工程的一部分,需要和其他机器学习任务一起构成整个流水线。好的数据表达方式对于后续的特征提取和建模是至关重要的,而这个表达方式的获得依赖“表示学习”。表示学习实际的含义是“学习怎样有效提取特征,怎样有效表达样本数据,学习如何学习”。

3) 深度学习

区别于传统的机器学习,深度学习的最大进步就是让“机器自己在貌似无规律的数据中寻找特征”,而不是像传统机器学习那样需要人工来设置特征集,如图 3-52 所示。这一点对于在无规律、非序列化的数据中寻找隐藏的数据关联是至关重要的,所以深度学习在图像识别、语音语义识别领域可以大放异彩。基于神经网络算法的深度学习可以分层迭代,并且可以通过反向传播训练结果来矫正特征集的选择,特征集也会逐层复杂化,可以发现更多的潜在特征。

深度学习利用多个简单且非线性的模块,组合起来对数据进行变换(Transformation),得到抽象水平逐层递增的数据表达(Representation),利用足够多的这种变换,可以学得极其复杂并且是不可解释的函数。比如汽车图像的识别,输入为由像素值组成的向量,第一层学到的特征多为在特定方位的图像边缘,第二层多为根据边缘生成的花纹(Motifs),第三层可能将这些花纹组合成了车的一部分。深度学习不需要复杂的数学算法支撑,在大数据样本上效果要好过传统机器学习,但是深度

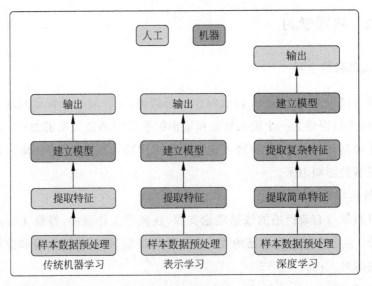

图 3-52　机器学习的进步

学习对计算能力的要求很高,并且学习出来的模型是不可解释的。

2. 机器学习方法

在机器学习领域有四类不同的学习方法,如图 3-53 所示。

图 3-53　机器学习四类不同的学习方法

1) 监督学习(Supervised Learning)

样本数据中包含确定的输出结果,让机器对明确的输入数据和输出结果来生成映射函数,数学上可以表达如下。

机器需要学习到函数关系:

$$y = f(x)$$

输入数据集:

$$(x_1, y_1), (x_2, y_2), \cdots, (x_n, y_n)$$

求最优函数:

$$\arg \min_f \sum_{i=1}^{n} (f(x_i) - y_i)^2$$

样本数据由输入数据(通常是向量)和预期输出结果组成,预期输出结果可以是一个连续的值(回归分析),或者是一个标签(分类)。监督学习的实质是在学习完一些样本数据后,寻找到一个最优的函数关系,并且假设这个最优函数用在分析未知数据时,获得的输出也是最接近真实的。

对应的回归类算法是线性回归如指数或对数回归;对应的分类算法是人工神经网络、支持向量机、最近邻算法、朴素贝叶斯方法、决策树和径向基函数分类等。

监督学习的准确性在大样本量时可以做到很高,但难点是需要对样本数据中的预期输出进行标记,而这意味着需要人工来进行结果标记或者要求输出结果是可自动测量的。

2) 半监督学习(Semi-supervised Learning)

半监督学习是综合利用有输出结果的样本数据(已标记样本)和没有输出结果的样本数据(未标记样本),来生成合适的分类或者回归函数。其基本思想是利用无监督学习的方法在未标记样本上建模,然后使用标记样本进行模型参数的训练调整。从数学角度可理解为使用未标记样本的输入边缘概率 $P(x)$ 和已标记样本的概率 $P(y|x)$ 分布来建立良好的回归或者分类函数,并假设其对未知的 X、Y 也是符合的。

对应的经典算法基本上是有监督算法的延伸。

3) 无监督学习(Unsupervised Learning)

无监督学习是样本数据没有包含预期输出结果,要求机器直接对输入数据进行建模,数学上可以表达如下。

机器需要学习到函数表达式:

$$h(x)$$

输入数据表达式:

$$x_1, x_2, \cdots, x_n$$

无监督学习的主要用处是对原始数据进行分类。有别于监督学习网络,无监督学习网络在学习时并不知道其分类结果是否正确,也不知道这个类别意味着什么。其特点是仅仅在输入数据中找出潜在类别规则。学习出来的模型可以去分类新的陌生数据。

无监督学习的典型例子就是聚类。聚类的目的在于把相似的东西聚在一起,机器并不关心这一类是什么。因此,一个聚类算法通常的目的就是计算相似度。

对应的经典算法有聚类算法、混合高斯模型、因子分析等。

4）强化学习（Reinforcement Learning）

强化学习主要应用在自动驾驶、自适应控制等领域。强化学习系统以一种"试错"的方式进行学习，通过与外部环境进行交互获得的评价来指导行为，目标是使智能体获得最好的评价。强化学习不同于监督学习，系统的动作、环境的信息以及给予的评价信号是一个连续的过程，而且评价信号也不会立即或者明确告诉系统是好还是坏，系统只能以小孩学走路的方式，通过行动—评价—增强或者减弱来获得知识，改进行动方案以适应环境。

对应的经典算法有价值/策略迭代、价值函数逼近、微分动态规划、策略搜索和增强等。

3. 机器学习常见算法

机器学习方法的重要理论基础之一是统计学，按照解决的问题类型可以分为以下几类。

1）分类方法

分类方法是机器学习领域使用最广泛的技术之一。分类是依据历史数据形成刻画事物特征的类标识，进而预测未来数据的归类情况。分类的目的是使机器学会一个分类函数或分类模型（也称作分类器），并使该模型能把数据集中的事物映射到给定类别中的某一个类。

在分类模型中，我们期望根据一组特征来判断类别，这些特征代表了物体、事件或上下文相关的属性。

最常见的用于分类的算法有决策树、SVM、朴素贝叶斯（Naive Bayesian Model，NBM）、逻辑回归等。

2）聚类

聚类是将物理或抽象的集合分组成为由类似的对象组成的多个类的过程。由聚类生成的簇是一组数据对象的集合，这些对象与同一个簇中的对象彼此相似，与其他簇中的对象相异。在许多应用中，一个簇中的数据对象可作为一个整体来对待。

在机器学习中，聚类是一种无监督的学习，在事先不知道数据分类的情况下，根据数据之间的相似程度进行划分，目的是使同类别的数据对象之间的差别尽量小，不同类别的数据对象之间的差别尽量大。

常见的聚类算法有基于划分的 K-Means、PAM、基于密度的 DBSCAN、Mean-shift 等。

3) 回归分析

回归分析(Regression Analysis)是一种统计学上分析数据的方法,目的在于了解两个或多个变量间是否相关、相关方向与强度。回归是根据已有数值(行为)预测未知数值(行为)的过程,与分类模式分析不同,预测分析更侧重于"量化"。一般认为,使用分类方法预测分类标号(或离散值),使用回归方法预测连续或有序值。

常见的预测模型基于输入的用户信息,通过模型的训练学习,找出数据的规律和趋势,以确定未来目标数据的预测值。

常见的回归算法有线性回归、多项式回归等。

4) 关联规则

关联规则是指发现数据中大量项集之间有趣的关联或相关联系。挖掘关联规则的步骤如下。

(1) 找出所有频繁项集,这些项集出现的频繁性至少和预定义的最小支持计数一样。

(2) 由频繁项集产生强关联规则,这些规则必须满足最小支持度和最小置信度。

随着大量数据被不停地收集和存储,许多业界人士对从数据集中挖掘关联规则越来越感兴趣。从大量商务事务记录中发现有趣的关联关系,可以帮助制定许多商务决策。

通过关联分析发现经常出现的事物、行为、现象,挖掘场景(时间、地点、用户性别等)与用户使用业务的关联关系,从而实现因时、因地、因人的个性化推送。

常见的关联算法有 Apriori 频繁项挖掘、FP-Growth 等。

3.7.3 AI 加速

学习和推理阶段都需要非常大的计算量,特别是基于人工神经网络的深度学习,比拼的就是数据量和计算能力。人工神经网络的主要计算是矩阵的乘加运算,传统通用处理器往往需要数百甚至上千条指令才能完成一个神经元的处理,对于并不需要太多的程序指令,却需要海量数据运算的深度学习的计算需求,这种结构就显得非常笨拙。所以,AI 加速芯片应运而生。AI 加速芯片的主流架构有以下四种。

(1) 传统通用 CPU。

传统的通用 CPU 虽然矩阵运算性能差,但是强项在于通用、保有量大、生态较好,所以在一些轻计算量的场景下仍然可以用作 AI 加速。

（2）图形处理器。

图形处理器（Graphics Processing Unit，GPU）最初是用在个人计算机、工作站、游戏机和一些移动设备上运行绘图运算工作的微处理器，可以快速地处理图像上的每一个像素点。后来科学家发现，其海量数据并行运算的能力与深度学习需求不谋而合，因此，被最先引入深度学习，GPU 擅长浮点运算的特点得到了充分利用，使其成为可以进行并行处理的通用计算芯片。

（3）异构化现场可编程门阵列。

将 CPU 集成到 FPGA（Field Programmable Gate Array，FPGA）上。在这种架构中，CPU 内核所不擅长的浮点运算以及信号处理等工作，将由 FPGA 内核执行。FPGA 的最大优势在于灵活性，可以方便地修改电路来应对不同场景。

（4）专用集成电路。

ASIC（Application-Specific Integrated Circuit，ASIC）是为专门目的而设计的、功能特定的最优功耗 AI 芯片。不同于 GPU 和 FPGA 的灵活性，定制化的 ASIC 一旦制造完成将不能更改，所以初期成本高、开发周期长，进入门槛高。目前，大多是具备 AI 算法又擅长芯片研发的巨头参与，如 Google 公司的张量处理单元（Tensor Processing Unit，TPU）。

另外在云端和设备端，学习和推理所需要的计算能力、计算方法以及功耗成本是有差别的，如表 3-5 所示，AI 加速芯片在云端学习、云端推理和设备侧推理三条线上会分别发展。

表 3-5　云端学习、云端推理和设备侧推理对比

指　　标	云　端　学　习	云　端　推　理	设　备　推　理
运算方式	矩阵乘加运算 激活函数的非线性变换 不能稀疏和剪枝	矩阵乘加运算 激活函数的非线性变换 可以稀疏和剪枝	矩阵乘加运算 激活函数的非线性变换 需要稀疏和剪枝 低比特量化降低计算量
数据量	海量	少	少
运算量	超大	中	小
成本、功耗	不敏感	不敏感	敏感
建议架构	GPU、ASIC	FPGA、ASIC	CPU、FPGA、ASIC
应用场景	公有云学习	公有云推理	边缘智能、机器人、智能手机

AI 加速芯片可以根据场景要求灵活部署在分析平台、OLT 设备或者 ONT 设备上。图 3-54 所示是一种在接入网 OLT 设备部署 AI 加速芯片的架构示意图。

由于一些场景的算力需求较大,现有的主控和接口单板在预留处理正常的管理和控制面任务后,已经不能胜任计算要求,需要考虑单独配置一块单板专门用于 AI 推理等大算力任务。

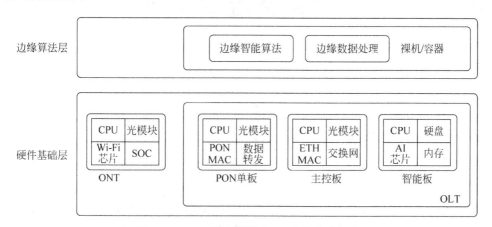

图 3-54　OLT 设备部署 AI 加速芯片示意图

第4章

全光接入网基础网络规划设计

4.1 全光接入基础网规划原则

全光接入基础网的基石是光纤网络。光纤网络属于基础物理网络,是为上层业务网络服务的。从端到端视角看,光纤网络涉及核心、汇聚、接入层。网络规划设计目标是在规划设计理念和规划设计原则指导下,规划设计一张综合成本最优,满足现在和未来业务发展需求的光纤网络。

本章从综合业务区、统一光缆网入手,重点讲述全光接入网的用户光缆网规划设计。从范围看,用户光缆网不只是服务于 PON,也不等同于 ODN,要比 ODN 范围广。

全光接入基础网规划应遵循以下原则。

1) 经济性

全光接入基础网络的建设成本包括设备成本、工程施工成本(含土建)、网络运维成本。要实现建网成本经济性就要在规划时综合考虑,分片选择不同建设模式(不同的人口密度),分步骤实施(先挑价值区域、用户发展快以及回报周期短的区域实施),达到综合成本最优。

(1) 设备成本:涵盖物料和光缆,需在网络规划中通过方案优化和产品选型实现设备成本最优。

(2) 工程施工成本:涵盖设备安装施工和土建成本,充分考虑利旧现有运营商和水电公司的设施、燃气管道、杆路资源以节省土建成本。按估算,土建成本占全光接入基础网络建设成本的 60% 左右,所以避免挖沟就是最大的节省。

(3) 运维成本:涵盖网络运行例行维护成本和故障检测、维修成本。对于管道基础设施运营商,需要考虑未来的光纤定障定责,严格管控端到端运维成本。

2）灵活性

灵活性指在网络建设、运行、扩展等方面能灵活支持不同业务接入需求。针对高价值政企用户，光纤数量/业务类型（P2MP/P2P）存在较大变数，需要考虑一定的光纤灵活性，方便未来资源配置。

网络可靠性体现在网络交付后运行可靠，具体可通过架构选择、器件、实施等几个方面来保证。基于架构选择可实现拓扑保护，如 ITU-T 定义的 GPON 网络保护方式，Type B 实现 OLT 端口与链路备份，Type C 实现全网备份。网络可靠性的提升一般会导致投资的增加。光缆故障的维修费时费力，成本很高，因此光配线网应从设计和建设入手来实现高质量，以保证投资的有效性。

产品选型也要从多维度去开展，器件的性能应能满足网络建设需求，应充分考虑其是否满足网络建设扩展性［如 PLC 分光器一致性优于熔融拉锥式（Fused Biconical Tapered，FBT）分光器］、平滑演进性（预留波分复用（Wavelength Division Multiplexing，WDM）/光时域反射仪（Optical Time Domain Reflectometer，OTDR）等可能的预留插损）、生命周期末期的损耗是否依然满足光路插损要求。光缆选型方面，除了考虑建设环境、使用年限、工程便利性、性价比外，还需要考虑全波长（1260～1660nm）范围最大插损（XGS-PON/OTDR）计算光功率预算。

3）易实施

对于新建场景和存量区域，策略不同。受存量地下管道、杆线资源的限制，可能选用不同走线方式，比如新建区域只允许管道走线，存量市场已经有木杆铜线入户就可以利旧，因地制宜。针对不同居民的居住密度区域，采用不同的分光方案。

4）易维护

产品选型方面选择方便维护的产品，尽量考虑免开启密封型 FAT，避免反复操作引起的损坏和失效，力求免现场维护。考虑到 ODF 熔纤盘故障下尾纤长度不够的情况，建议使用熔配一体化盘替代纯配线盘，增加维护节点，方便跳线故障后可以熔接，避免整根更换跳线。

5）易管理

全光接入基础网络设备属于无源介质，链路上光纤、路由、部件众多，清晰的拓扑、路由及合理的故障定位点、设备厂家、型号、端口信息都希望随着业务发展实时刷新，方便后续网络资源管理系统准确管理，确保快速业务发放。

对于网络故障定位及管理方面，可以从主设备 OLT 方面考虑，控制 ONU、监控光缆、监控设备和实现业务层面管理，以及对光纤资源体系的管理。

4.2 综合业务区规划

以综合业务接入点（CO）为核心，开展固定和移动业务接入（家庭宽带、企业、无线基站）服务的区域，就是综合业务区。综合业务区架构如图 4-1 所示。

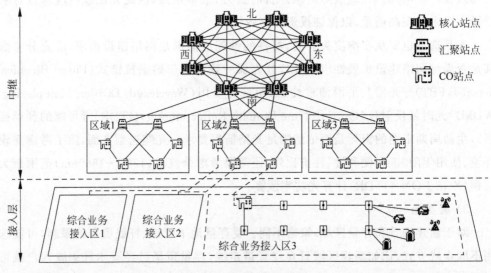

图 4-1　综合业务区架构

在规划上，以综合业务接入区为基础，可进行网格和微格划分。网格和微格划分应遵循如下原则。

（1）一个综合业务接入区对应一个网格。

（2）根据用户商业价值，在网格的基础上还可以进一步划分微网格，简称为微格。微格根据商业价值和业务密度来划分，可大可小。业务密度高，微格划分小；业务密度低，微格划分大。在每一个微格内设置光缆交接点，一个微格就是一个光缆交接区，它负责微格内的全业务光纤接入。微格可以是一幢商务楼、一个园区、一个或多个住宅小区等，它是前后端联的基本单元。

4.3　统一光缆网规划

————

　　综合业务区要求光缆网是统一的,这就决定了统一光缆网不只是光缆的点对点线路,而是有网络结构的,需要有架构和顶层设计,实现光缆网络的灵活性和可扩展性,方便组网和业务的快速接入,并有利于提高资源利用率。

　　一个相对稳定的统一光缆网架构是目标网络发展的基石,而物理站点规划是统一光缆网规划的关键,需要先行。先定点再划界再连线,由点到面,由面到线,在此基础上,可形成区域清晰、层次分明的统一光缆网架构。

　　从网络扁平化角度出发,网络架构的层次不宜过多,但太少又会造成业务汇聚的压力。综合全球主流运营商的网络结构,在一个城域网内,网络架构应分成核心、汇聚(区域)、接入三个层次,分别对应于核心站点、汇聚(区域)站点、综合业务接入站点(CO)。

　　以双归方式建立核心站点和汇聚站点,以及汇聚站点与综合业务接入站点间的归属关系,下级站点至少有两条不同物理路由的线路连接上级两个站点。

　　为便于与行政区域挂钩,建立与政府行政体系的接洽、沟通和协同的机制,得到政府在网络建设和运营、业务发展等方面的支持,不同层次站点间的关系,宜按省、市、县、乡镇(街道)、村(居委会)的行政管辖来归属。

　　划分的综合业务区,可通过数字化工具,建立前后端联动机制,为运营商的精细化管理提供技术手段,包括用户分布和需求分析(价值识别)、业务策略制定、网络规划和投资、建设进度管控、业务和用户发展情况、分层和分区域考核等。

　　统一光缆网可分成中继光缆网和用户光缆网两部分。中继光缆网是指综合业务接入站点与汇聚站点、汇聚站点与核心站点之间构成的光缆网络,也包括综合业务接入站点之间、汇聚站点之间、核心站点之间构成的光缆网络。

　　用户光缆网是指由综合业务接入站点(CO)向用户侧部署的光缆,它由主干光缆、配线光缆和入户光缆三部分组成。用户光缆网规划应按综合业务接入区划定的网格进行规划。用户光缆网拓扑结构如图 4-2 所示。

　　1) 主干光缆

　　(1) 主干光缆可采用总线型、环形和树形拓扑结构。其中,总线型拓扑安全性最

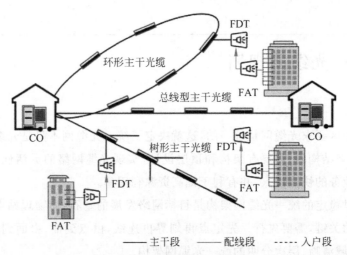

图 4-2　用户光缆网拓扑结构

高,其次是环形,该两种拓扑结构主要针对政府和企业区域内的企业/无线基站业务。树形拓扑结构主要针对公众的家庭宽带/无线基站业务。

(2) 当主干光缆路由上既有企业、无线基站业务区域,又有家庭宽带业务区域时,宜采用总线型或环形拓扑结构。

2) 配线光缆

配线光缆一般采用树形或星形结构,重要的用户和区域,也可以考虑采用环形结构。

3) 光缆配纤方式

(1) 光纤有两种配线方式,一是直接配线,二是交接配线。直接配线是指上下联光纤 1∶1 对应的配线,交接配线是上下联光纤 1∶N 的配线。直接配线通常采用光缆接头盒,而交接配线通常采用 FDT/FAT。

(2) 交接配线相比直接配线有以下几个好处。

① 可灵活调度光纤,有利于提高光纤资源的利用效率。

② 接头盒内的光纤配线关系由工程建设部门一次性完成,日常的运维管理集中在交接配线设备上,方便基于端口的资源管理和业务快速开通,降低光链路连接成本,提高业务放装效率。

③ 有利于光纤故障定位和光缆线路资源扩容。

(3) 用户光缆网配纤应采用交接配线,但交接级数应不超过二级。

对于综合业务区和统一光缆网而言,ODN 不是独立的网络,它是寄身在用户光缆网基础之上的网络。先有统一光缆网的规划,再有 ODN 工程设计。

4.4　用户光缆网规划

4.4.1　规划原则

用户光缆网是全光接入网络的基石,本节重点介绍用户光缆网的规划理念及具体规划原则。

1. 厚覆盖

根据覆盖区域内居住的用户总数,设定 5 年内计划达到的市场目标,即拟把多少用户变成光纤宽带用户,一般取光纤端口渗透率为 60%～100%(光纤端口渗透率＝总光纤端口数/该区域 HP 总数)时的光纤宽带用户数,也就是说,要把 60%～100%的用户变为宽带用户。

厚覆盖衡量的是渗透率,规划的 FAT 够多,FAT 内的二级分光器总出口数才足够多,渗透率才能达到 60%以上。规划后的光纤端口数是 5 年内要实现的市场目标,把光纤端口渗透率规划到 60%以上才能称之为厚覆盖。

2. 短接入

确保 FAT 至用户平均 HC 距离为 30～80m,确保 HC 部分最长距离不超过 100m。

把 FAT 的安装位置规划在电杆上、墙上、人孔内或者建筑物各层,提升装机员 HC作业效率。

短接入衡量的是从 FAT 到用户的距离和安装位置,满足以上两点的 FAT 规划才能称之为短接入。

考虑短接入的时候,在用户密度低或适中时,主要选用 8 口 FAT,此时,如大量选用 16 口的 FAT,依然存在部分用户接入距离过长的情况。

按照上述综合业务区,统一光缆网规划思想,对应用户光缆网架构建议如图 4-3所示。

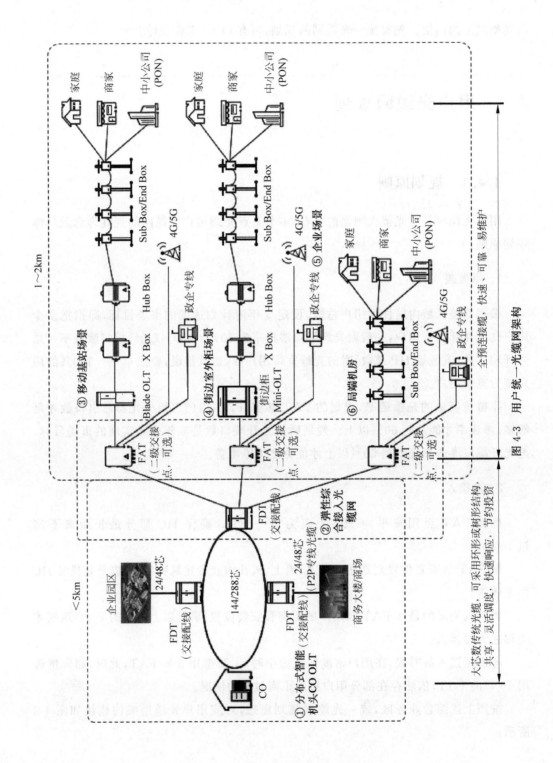

图 4-3　用户统一光缆网架构

（1）主干光缆为大芯数光缆，采用普通光缆铺设，在 FDT 光交位置成端，具备调度灵活的特点。

（2）配线和入户缆宜采用全预连接缆，具备易部署、高可靠、易维护的特点。

（3）站点 OLT 对应 OLT 下沉场景，综合业务区原则上 OLT 应在 CO 机房集中部署，但在如下场景可考虑 OLT 下沉。

① CO 机房空间不够。

② 家庭宽带接入点距离太远，光功率预算不够。

③ 家庭宽带用户密集区，用户数超过 500。

④ 移动运营商快速发展家庭宽带，规避路权。

4.4.2　主干段规划

按用户光缆网架构建议，用户光缆网以综合业务接入站点（CO）为中心，提供综合业务接入。规划上，需要先确定综合业务接入 CO 站点位置（CO 站点的选取不在本书详述）。

确定综合业务接入 CO 站点之后，再确定该综合业务接入 CO 服务的区域，参考如表 4-1 所示。

表 4-1　综合业务接入区大小

高密度业务区/km²	中密度业务区/km²	低密度业务区/km²
2～5	5～8	8～15

该综合业务接入 CO 服务的区域可被看成一个网格，用户光缆网即在该网格内实现各种场景用户覆盖。

在网格划分的基础上，可把该网格划分为微格，每个微格设置一个 FDT 光交点，提供该微格内全业务光纤接入，如图 4-4 所示。

主干光缆规划，即从 CO 点出发，把各个微格内 FDT 点用主干光缆连接起来。主干光缆可以为环形，也可以为树形。

主干光缆原则上规划在城市道路的主干和次干道路上，可采取管道、架空和直埋敷设方式。规划和设计时，应充分利用现有管道和杆路资源。

主干光缆一般采用大芯数光缆（48 芯、72 芯、96 芯、144 芯、216 芯和 288 芯），芯数选择需结合该网格内家庭宽带/企业/无线基站业务需求点进行预测，对于家庭宽带业务，分光比一般采用 1∶64 和 1∶32。在同一路由上应尽量选用大容量规格光缆，避免

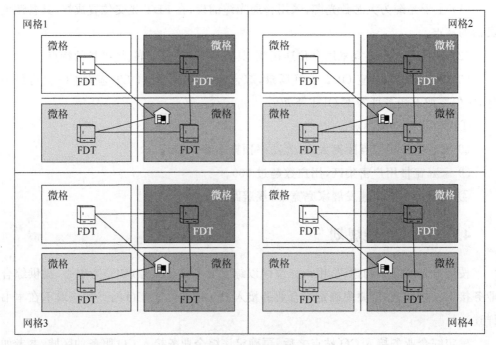

图 4-4　微格规划图

多条光缆铺设,以节省管道或杆路资源,降低建设成本。

主干光缆在 FDT 位置实现交接配线,实现按需求配线的能力。FDT 中应采用无跳纤光缆交接设备,以节省光功率预算,降低成本,减少故障环节,同时也解决传统交接配线设备跳纤余长管理难的问题。对于交接配线,主要需求来自企业/无线基站业务,家庭宽带业务需求相对固定,因此 1：N 的交接配线的 N 建议按最大值 4 设计。

4.4.3　配线和入户段规划

按上述统一光缆网架构建议,配线段和入户段宜采用全预连接(下文统称QuickODN)方案。QuickODN 相比传统 ODN,优势在于免熔接,施工人员技能要求低,易部署、易维护,另外 FDT(Hub Box)/FAT 盒子密封,具有高可靠性的特点,适用于配线段和入户段光缆场景覆盖。

QuickODN 规划的总体原则是,从用户需求点开始(一个用户需求点对应一个FAT 端口),逐步往上卷积,如图 4-5 所示,规划步骤如下。

(1) 根据用户需求点,确定 Sub Box/End Box(FAT)位置。

（2）Sub Box/End Box 成链。

（3）链在 Hub Box 处汇聚，成片。

（4）Hub Box 通过 FDT 光交接入统一光缆网。对于站点 OLT 场景，Hub Box 接入 X Box（站点 OLT 外置 ODF），通过 X Box 连接站点 OLT（站点 OLT 接入统一光缆网可参考 5.3 节组网设计）。

上述 Hub Box 位置的确定，需考虑企业/无线基站业务需求点的接入需求。

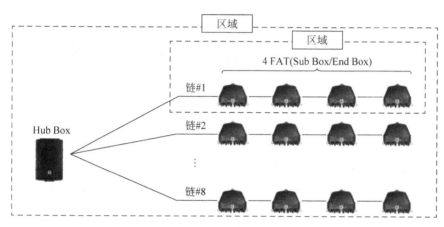

图 4-5　QuickODN 组网

下面分室外场景和室内场景，介绍按上述规划步骤需重点关注的点。

1. 室外场景

1）确定 Hub Box 分区

按上述规划步骤，Quick ODN 配线段规划设计最重要的是确定 Hub Box 覆盖区域，即"片"的划分，"片"对应区域原则：半径为 $0.5 \sim 1$km 的区域，区域覆盖的用户数为 $64 \sim 256$。按照分区区域用户密度 HP/km^2，FAT 可选择不同的产品容量和扩容方案，如表 4-2 和图 4-6 所示。

表 4-2　不同区域 FAT 扩容方案

区域密度	HP/km^2	FAT 容量	配线预连接缆芯数
高密度	≥256	1∶16	单芯或双芯（预留原址扩容能力）
中密度	[128,256)	1∶8	单芯或双芯（预留原址扩容能力）
低密度	< 128	1∶4	单芯

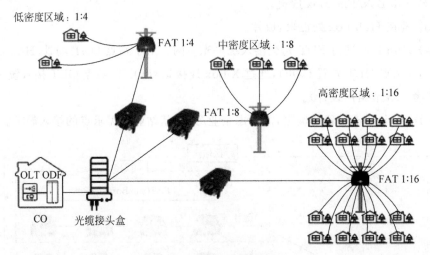

图 4-6　FAT 扩容方案

2）确定 FAT(Sub Box/End Box)位置

根据用户需求点分布,尽量让 FAT 的端口能够充分利用。在确定 FAT 位置时,入户段长度不宜超过 150m。

3）FAT 成"链"

"链"的设计的核心要点是 4 个 FAT 为一条"链","链"的 FAT 要考虑如下几个因素。

(1) 一条链上的 FAT 距离建议不超过 400m。

(2) 尽量让相邻距离最近的 FAT 连接为一条链。

(3) 由于数量/距离原因无法凑足 4 个 FAT 时,可以按照适当减少串联的 FAT 个数来完成链的组合。

(4) 可以根据 FAT 成链结果适当调整 FAT 的位置,减少缆长重复/浪费或者不足的风险。

4）"链"汇聚成"片"

"片"设计的核心要点是 1~8 个"链"汇聚到 Hub Box 上,此 Hub Box 位于链的中心,尽量减少重复路由。汇聚"链"到 Hub Box 上要考虑如下几个因素。

(1) 确定 Hub Box 位置,汇聚到 Hub Box 链的缆长不超过 400m,便于采用 MPO 缆。如连接距离超过 400m,解决措施为：重新选址 Hub Box 位置,让汇聚到 Hub Box

的距离不超过 400m；可减少连接到 Hub Box 的链的数量，尽量让相邻链确定 Hub Box 的位置。

（2）当 Hub Box 内置有 1∶2 分光器时，尽量让每个 Hub Box 汇聚的链数量是 2 的倍数，减少 PON 口浪费。

（3）尽量让相邻链汇聚到 Hub Box，减少重叠路由。当汇聚链出现重复路由时，可考虑采用调整 Hub Box 的位置，或增加 Hub Box 数量，或减少 Hub Box 汇聚链数量等方式解决。

（4）如 Hub Box 需接入企业/无线基站业务用户，需结合企业/无线基站业务需求点位置，综合考虑 Hub Box 位置。

5）Hub Box 接入统一光缆网

Hub Box 接入统一光缆网有以下两种场景。

（1）接入光缆交接箱（FDT）。该场景下，一般采用传统光缆（12/24 芯），在 Hub Box 内熔接。

（2）接入站点 OLT。该场景下可使用如下方式。

① 采用一体式站点 OLT(Blade OLT)，Hub Box 须通过 X Box 接入站点 OLT。

- 如站点 OLT 到 Hub Box 之间距离大于 1km，X Box 和 Hub Box 之间可用传统光缆，采用熔接方式接入。
- 如站点 OLT 到 Hub Box 之间距离小于 1km，X Box 和 Hub Box 之间宜采用 MPO 缆。
- X Box 和站点 OLT 之间采用 MPO 缆。

② 采用室外机柜内安装小型 OLT。

- Hub Box 建议采用传统光缆接入机柜内 ODF 模块，通过 ODF 模块接入站点 OLT。
- 小型 OLT 和 ODF 模块之间通过跳纤连接。

2. 室内场景

室内部署场景如图 4-7 所示。

1）确定 Hub Box 分区

不同楼层高度 Hub Box 位置部署如表 4-3 所示。

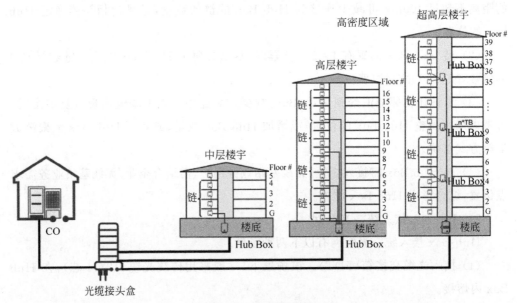

图 4-7　室内部署场景

表 4-3　不同楼层高度 Hub Box 位置部署

楼宇类型	高楼用户数量	Hub Box 建议数量	Hub Box 位置	FAT 容量/数量	光缆芯数
中层楼宇	≤32	1	楼底	1 条链,4 个 1∶8 的分光器	单芯
高层楼宇	(32,128]	1	楼底	4 条链,16 个 1∶8 的分光器	单芯
超高层楼宇	>128	用户数/128	楼中	$4\times n$ 条链,$16\times n$ 个 1∶8 的分光器	单芯

2) 确定 Sub Box/End Box(FAT)位置

根据每个楼层的住户数,确定每层布放几个 FAT 或者多少个楼层布放 1 个 FAT,以容量 8 为例确定 FAT 位置,如表 4-4 所示。

表 4-4　以容量 8 为例确定 FAT 位置

用户数/层	2	3	4	5	6	7	8	9~16
覆盖建议	1个/4层	1个/2层	1个/2层	1个/层	1个/层	1个/层	1个/层	2个/层

3) FAT 成"链"

根据 FAT 位置,按照 4 个 FAT 为一条"链"的方式,让相邻的 4 个 FAT 成"链"。

4）"链"汇聚成"片"

把"链"在 Hub Box 处汇聚成"片"，建议一个 Hub Box 带 4 条"链"。

5）接入统一光缆网

多个 Hub Box 用普通光缆完成串联，根据不同场景汇聚到光缆接头盒，或直接到主干光缆交接箱或站点 OLT 的 ODF 模块。

第 5 章

全光接入网业务规划设计

5.1 设计原则

F5G 全光接入网规划设计应该遵循以下设计原则。

(1) 最优投资回报(Return on Investment,ROI)投资原则：选择接入技术，确定演进策略，制定成本基线(包含 OPEX)，然后进行测算，选择合适的建网方案。

(2) 分地区规划原则：潜在用户密度、竞争程度、用户意愿、社区和政府支持程度、入户难易决定未来网络渗透率，要先选择高价值区域进行投资，最后慢慢扩展到低价值区域。

(3) 分层规划原则：分层解耦，按照无源设施、有源 OLT、自动化发放系统、智能化系统分层规划。

(4) 分层建设原则：各层可以分步骤实施，逐步叠加(但是要考虑 IT 系统演进所带来的成本)。

(5) 平滑演进原则：现有网络可以平滑演进到 F5G 全光接入网，并且未来可以在网络容量、接入技术、自动化和智能化程度上持续演进。

(6) 多业务承载原则：单一光网承载多业务，并且要考虑未来移动承载、物联网、云专线的扩展要求。

(7) 场景化建站原则：集中部署 OLT 会带来 ODN 部署成本的增加，但是局点少维护难度低，全部采用室外站点(杆、室外柜、挂缆等)虽然离最终用户近，ODN 建设成本低，但是会带来局点数增加维护难度升高的问题；所以选择 OLT 站址需要根据人口密度、光纤资源、机房成本灵活选择，依据场景建设 OLT，密集城区、机房资源丰富区域采用大 CO 方式建设 OLT，竞争区域、偏远农村、机房缺乏区域采用室外站点建设OLT。

（8）多接入技术原则：支持多接入技术以及未来的演进，包含 GPON、XG-PON、XGS-PON、50G PON、GE 和 10GE。

（9）生命周期原则：网络设计需要考虑全生命周期，包括网络的规划、设计、建设、发放、运维和演进。

（10）质量属性原则：网络设计需要考虑质量属性，需要考虑网络的利用率、可靠性、多业务承载能力、规格可扩展性、安全性、操作效率、运维效率、开放性以及可演进性。

（11）数字化原则：从规划、设计、建设、验收、开通到维护、运营和演进都有数字化的工具或者平台支撑，数字化是自动化、智能化的基础。

（12）标准化原则：只有标准化才能做到简化，才能实现互通，所以应使用标准化的协议和接口。

5.2　网络规划

5.2.1　规划方式

1）分地区规划

如图 5-1 所示，根据潜在用户密度、竞争程度、用户意愿、社区和政府支持程度、入户难易、行政区域划分和机房资源划分出中心局（Zone）和接入端局（District），一个 Zone 覆盖 10 万～30 万用户，将会部署完整的业务网关功能，并连接边缘数据中心（Edge Data Center，EDC）和骨干网。District 则代表一个接入端局，覆盖大约 1 万用户。

2）自顶向下分层规划

如图 5-2 所示，先 Overlay 业务层容量规划，后 Underlay 网络层容量规划，首先根据业务发展规划计算出每种业务（Internet、IPTV、语音、专线等）在未来某个时间点的用户数、每业务带宽，然后计算出业务层连接数量和流量要求，最后根据业务层流量要求，计算出网络层所需要的设备配置、设备个数、隧道数量以及物理链路数量。

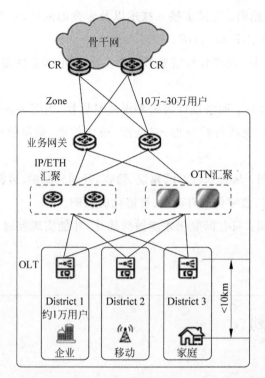

图 5-1　基于中心局(Zone)和接入端局(District)的容量规划

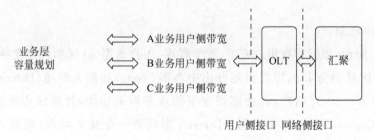

(a) 根据业务发展计划确定各业务的用户侧以及统计复用网络侧接口流量

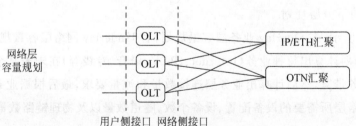

(b) 根据Home Pass数量确定用户侧端口，根据业务选路策略确定双上行容量，最终确定设备配置

图 5-2　分层规划网络容量

5.2.2 OLT 位置规划

OLT 规划的总体原则如下：

（1）FTTH 建网成本最优。

FTTH 网络整体建设成本主要由 OLT 站点机房建设成本和 ODN 光缆建设成本构成（ONT 属于按需建设，所以暂不考虑）。OLT 的站点越少，OLT 站点机房的建设成本就越少，但是同时 OLT 离最终用户的距离就越远，导致 ODN 光缆长度越长，光缆投资和 ODN 施工的成本就越高。所以对于某个特定的待规划区域而言，理论上存在一个最优的 OLT 站点分布方案，可使 FTTH 整体的建设成本最低。

（2）OLT 维护成本最优。

密集城区采用"大站点少局所"的原则，偏远区域灵活分布，尽量采用融合站点（光纤到路边（Fiber to the Curb，FTTC）＋室外 OLT，基站射频拉远单元（Remote Radio Unit，RRU）机房＋OLT）。OLT 设备是有源设备，需要考虑有源设备的供电、散热、噪声、故障部件的快速更换维护等，站点越多，运维成本越高。

对于固网本地交换运营商（Incumbent Local Exchanger Carrier，ILEC）或者城市等用户密集地区，可考虑采用 OLT 站点集中，以及 ODN 采用二级分光实现用户的厚覆盖（二级分光器离用户较近，可支持快速入户放号）；对于有竞争力的本地交换运营商（Competitive Local Exchange Carrie，CLEC）或者乡村等用户稀疏的广覆盖地区，可考虑采用分散 OLT 站点，以及 ODN 采用一级分光实现用户的薄覆盖（一级分光器离最终用户有一段距离，以减少 ODN 的建设费用）。

针对不同的国家或者地区，可根据该国家或者地区的 OLT 站点机房建设成本（机房站址获取难易程度、机房改造/建设成本等）以及 ODN 施工成本和光缆成本，再考虑 OLT 维护成本最优的大站点少局所原则，规划出符合自己国家或地区的 OLT 站点分布情况。

（3）OLT 站点覆盖的用户数。

对于用户密集的城区和一些发达乡镇，建议将 OLT 部署在汇聚机房，考虑覆盖用户数为 5000～10 000，建议采用大容量的 OLT 设备，预留灵活扩容的空间。

对于用户数量稀疏的乡镇及乡村，考虑到覆盖范围等因素，可将 OLT 部署在简易机房或者室外柜中，覆盖用户数建议控制在 2000 以内，可以考虑选择小容量的 OLT 设备。

（4）PON 的覆盖距离。

OLT 站址选择还需要考虑 PON 口的传输距离，一般而言，OLT 的覆盖半径应小于 15km，如果有个别的用户大于 15km，可以考虑采用小型 OLT 拉远覆盖，或者采用更高光功率预算的光模块支持。

ITU-T 标准定义的 PON 线路逻辑传输距离（和 PON MAC 芯片相关）为 20km，一般的 OLT 厂家可以支持更长的逻辑传输距离（如 40km）。但是实际上 PON 可达的传输距离除了和逻辑传输距离相关，还受到 ODN 光纤链路衰减的影响。正常情况下应该将 PON 覆盖距离控制在 15km 以内。

ODN 光纤链路如图 5-3 所示，光纤链路的总衰减包含 ODF/FDT/FAT/ATB 等使用活动接头引入的衰减、光分路器引入的衰减、光纤熔接点引入的衰减以及光纤引入的衰减等。

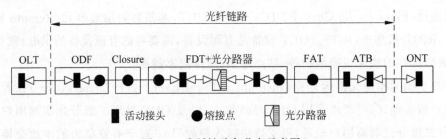

图 5-3　光纤链路各节点示意图

光纤链路总衰减＝光纤引入衰减＋光分路器引入衰减＋光纤活动接头引入衰减＋光纤熔接点引入衰减

① 光纤引入衰减＝光纤长度(km)×光纤衰减系数(dB/km)；

② 光分路器引入衰减＝光纤链路中所有光分路器引入衰减值的总和(dB)；

③ 光纤活动接头引入衰减＝光纤活动接头个数×光纤活动接头平均衰减值(dB)；

④ 光纤熔接点引入衰减＝光纤熔接点个数×光纤熔接点平均衰减值(dB)。

常见光纤链路各节点衰减如表 5-1 所示。

如果要计算 PON 信号的最大传输距离，可根据 OLT 配置的光模块光功率预算来进行计算。以 GPON 为例，GPON OLT Class B＋光模块的光功率预算为 28dB。Class C＋光模块的光功率预算为 32dB，Class D 光模块的光功率预算为 35dB。

假设一个 ODN 网络采用 1∶64 分光，ODN 中间有 1 个现场快速连接头、9 个室内连接头和 6 个热熔点，考虑预留 2dB 的维护余量（由于光纤在长时间使用之后可能出现老化等现象，所以需预留部分余量）。

表 5-1　常见光纤链路各节点衰减表

项　目	描　述	典型衰减值	项　目	描　述	典型衰减值
光纤(G.652)	1310nm 光纤	0.35dB/km	熔接点	热熔点	0.05dB
	1490nm 光纤	0.25dB/km	分光器	1：2	3.6dB
	1550nm 光纤	0.21dB/km		1：4	7.2dB
	1270nm 光纤	0.4dB/km		1：8	10.4dB
活动接头	冷接头	0.2dB		1：16	13.6dB
	室内连接器	0.3dB		1：32	16.8dB
	现场快速连接头	0.5dB		1：64	20.3dB

① 如果采用 GPON Class B+光模块,可传输的距离为:(28dB 光功率预算-20.3dB(1：64 分光引入的衰减)-0.5dB×1(现场快速连接头引入的衰减)-0.3dB×9(室内连接器引入的衰减)-0.05dB×6(热熔点引入的衰减)-2dB(维护余量))÷0.35dB/km(光纤引入衰减系数)≈6.3km。

② 如果采用 GPON Class C+光模块,可传输的距离为:(32dB 光功率预算-20.3dB(1：64 分光引入的衰减)-0.5dB×1(现场快速连接头引入的衰减)-0.3dB×9(室内连接器引入的衰减)-0.05dB×6(热熔点引入的衰减)-2dB(维护余量))÷0.35dB/km(光纤引入衰减系数)≈17.7km。

如果有更长距离的要求,可以考虑采用比 Class C+更高光功率预算的光模块。

综上所述,对于密集城区,综合考虑"大站点少局所带来的维护成本减少""覆盖距离越长带来的光纤资源消耗和 ODN 建设成本增加""光功率预算"的影响;建议覆盖距离控制在 15km 以内的前提下尽量集中部署 OLT。对于乡村等用户稀疏的广覆盖地区,可考虑采用分散 OLT 站点,采用简易机房或者室外机柜。

5.3　组网设计

根据 OLT 是否参与网络层组网可以区分出两个大的方案,核心区别就是 OLT 网络侧出的是业务级接口还是网络级接口,如图 5-4 所示。A 方案是一个比较传统的方案,OLT 只出业务级接口,不参与网络层组网设计。B 方案 OLT 出的是网络级接口,网络级承载隧道将会延伸到 OLT。

两种方案各有利弊,A 方案 OLT 功能简单,工程部署也简单,但是承载隧道没有

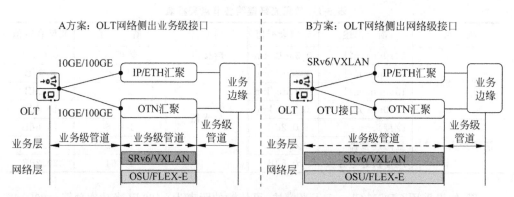

图 5-4　OLT 组网设计方案

办法做到端到端保护、OAM 和 QoS 保证，B 方案 OLT 实现和部署复杂，但是可以实现端到端的隧道级保护、OAM 和 QoS，比较适合于比较大的城域网。运营商可以根据自己的实际情况进行选择。

如图 5-5 所示，B 方案中，OLT 既是传统接入业务的汇聚点，又是网络层组网的边缘节点，需要识别业务流并引业务流入隧道，需要重点关注网络层的组网设计以及引流入隧道的策略。

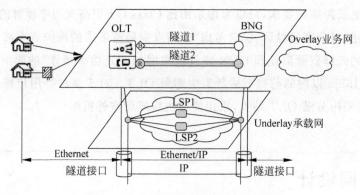

图 5-5　OLT 网络侧出网络级接口方案

5.3.1　业务层组网设计

1）传统的业务组网设计

传统情况下，OLT 只出业务接口，OLT 的业务组网设计遵从 BBF TR-156、TR-178 等标准推荐的模型。业务模型设计最重要的是确定业务的 VLAN 模型以及

VLAN 的分配和转换规则。对于接入业务组网设计而言,VLAN tag 是接入网可控可管可运营的关键。单层或多层 VLAN ID 既可以用于标识用户,又可以用于标识业务,而且 VLAN tag 中服务类别(Class of Service,CoS)域可标识业务处理的优先级,对 QoS 处理非常关键。用户侧上行流量携带的 VLAN tag 通常在进入 OLT 设备后会进行转换,转换的目的通常是标识用户以及标识业务并把流量引导到不同的业务转发域中。接入侧最常见的 VLAN 转换模型有两类:1∶1 和 N∶1。N∶1 模型常用于普通的 Triplay 业务流量汇聚组网,1∶1 模型常用于企业专线或 wholesale VULA 业务。由于大的以太二层广播域会带来广播流量带宽浪费、环网广播风暴等一系列棘手的问题,因此,一般可通过分配多个业务 VLAN 并限制每个业务 VLAN 接入的用户来限制以太二层广播域的范围。

如图 5-6 所示,家庭宽带有 4 种业务,语音、上网、IPTV 单播和 IPTV 组播。从 ONT 携带上来的用户侧 VLAN 标识分别是 CVLAN1、CVLAN2、CVLAN3,在 OLT 上可以按照 N∶1 VLAN 规则转换为 SVLAN1、SVLAN2 和 SVLAN3,SVLAN 是业务侧 VLAN 的简写,它的 VLANID 标识一种业务类型;也可以按照 1∶1 VLAN 转换规则转换为 SVLAN1+C'VLAN、SVLAN2+C'VLAN 和 SVLAN3+C'VLAN,报文里面填写两层 VLAN,外层 SVLAN 代表业务,内层 C'VLAN 标识用户。家庭宽带用户的 IPTV 组播业务比较特殊,是一个从网络侧到用户侧的单向组播流,采用组播 VLAN(Multicast VLAN,MVLAN)来标识。

图 5-6 中也展示了企业 VPWS 专线情况,接入网需要透传用户所有的比特流,此时就可以采用 TR-156 里面定义的透明 LAN 业务(Transparent LAN Service,TLS)方式,在企业用户的原始报文中插入一个 SVLAN,不去修改用户原始的 VLAN 信息。

在移动回传场景下,一般都要求 IP 路由节点下沉到 OLT,OLT 需要创建虚拟路由转发实例(Virtual Routing and Forwarding,VRF)提供 VPN 三层转发,此时 OLT 和 BNG 之间使用的是 L3 VPN 承载业务。

2) 以太网 VPN(Ethernet VPN,EVPN)业务组网设计

当网络级承载隧道延伸到 OLT 时,可以考虑采用统一的 EVPN 技术来统一所有的业务级管道,简化网络协议并提升效率。

在 OLT 和业务边缘(Provider Edge,PE)节点上部署 MP-BGP 协议并形成邻居关系,通过 BGP 多协议扩展(Multiprotocol Extensions for BGP,MP-BGP)协议来实现 EVPN 的自动发现和建立,同时相互交换 EVPN 的 MAC/IP 路由信息,从 OLT 学习用户侧 MAC 地址/IP 地址及路由并传递给业务边缘,从业务边缘学习网络侧远端

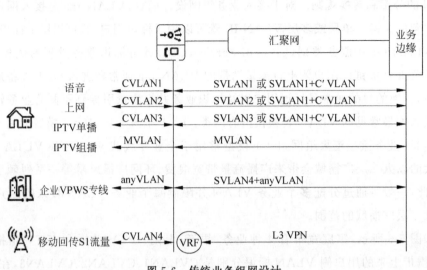

图 5-6 传统业务组网设计

MAC 地址/IP 地址及路由并传递给 OLT,从而在 OLT 和业务边缘生成二、三层报文转发表项指导数据面的报文转发。EVPN 可以统一家庭宽带、互联网专线、组网专线以及移动回传的各种业务的管道技术,很好地满足了可用性、可扩展性、带宽利用率和运维简化方面的需求。

如图 5-7 所示,OLT 将家庭、专线和移动承载业务统一封装在 EVPN 中,实现多拓扑(P2P,P2MP,多点到多点(Multipoint-to-Multipoint,MP2MP))的 L2 和 L3 业务连接,使用 MP-BGP 作为控制面协议。在网络层上,使用 ISISv6(ISIS version 6)作为控制面协议,使用虚拟扩展局域网(Virtual Extensible LAN,VXLAN)、SRv6 和 OTN 隧道作为承载隧道。

3) 业务层基于业务品质要求进行分流

随着 VR、高品质政企专线、5G 承载等新业务的快速发展,如何在保护现网资产投资和已有业务的情况下快速且最优成本地部署新业务并赢得商机,是运营商当前面对的挑战之一。OLT 支持一机 IP+OTN 双平面是平衡投资和业务发展、保证业务和网络平滑演进的技术方向,如图 5-8 所示。

对时延、抖动、丢包要求低的传统业务流在 OLT 上继续走现有的多级汇聚的 IP/ETH 城域网;对时延、抖动和丢包要求高的新业务流可以通过直连 OTN 的业务接口分流到 OTN 城域网,通过 OTN 承载隧道一跳直达业务边缘,这样不但可以保证新业务的服务体验,也可以卸载 IP 平面的流量,避免其进一步拥塞导致原有业务质量的

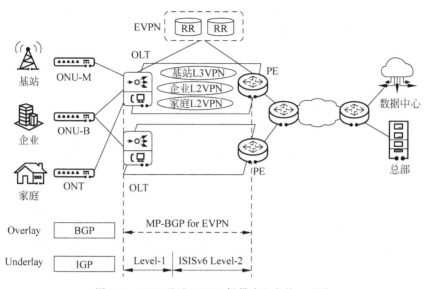

图 5-7　OLT 通过 EVPN 提供多业务统一承载

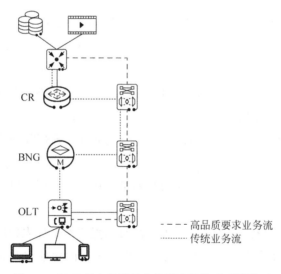

图 5-8　OLT 双上行基于业务要求导流到不同平面

劣化。

　　当 OLT 上行出业务接口连接 IP/ETH 汇聚和 OTN 城域时,根据业务的品质要求限定业务管道绑定特定的物理上行口。

　　当 OLT 上行出的是网络级接口连接 IP/ETH 汇聚和 OTN 城域时,根据业务的品质要求映射业务到对应 SLA 等级的隧道来实现分流。如高品质的政企专线业务要求 SLA 等级 6,则可以绑定提供 SLA6 等级服务的一个 OTN 隧道;而普遍的家庭宽带上网业务 SLA 等级要求是 0,则可以映射入只能提供 SLA 等级 0 的一个 VXLAN隧道。

4)引业务流入隧道设计

当承载隧道延伸到 OLT 时,OLT 是 Overlay 业务层和 Underlay 网络层的融汇点,而这两层的纽带就是隧道接口。隧道接口可以静态创建也可以自动生成。

在 Overlay/Underlay 交汇点设计的关键就是如何把业务流量导引到隧道中。举例来说,用户侧从 ONT 上行到 OLT 的以太流量根据配置的 VLAN 切换策略完成VLAN 切换,同时也确定了以切换后 SVLAN 标识的 Overlay 业务层转发域。在业务转发域内根据目的 MAC 地址查转发表得到业务管道的出接口。如果出接口是隧道接口,则以太网业务流将进行隧道封装经 Underlay 网络层到达对端。

下面就以 SR L3VPN 为例说明隧道引流的多种可以选择的策略。

(1) SR-BE 的引流方式。

① 静态路由:配置静态路由指定下一跳,根据下一跳迭代 SR-BE 隧道。

② 隧道策略的优先级选择方式:按照配置的隧道类型优先级顺序将 SR LSP 选择为 VPN 的公网隧道。

③ IP 路由入隧道:IP 路由根据目的地址自动迭代 SR-BE 隧道。

(2) SR-TE 的引流方式。

在 SR-TE 隧道建立成功以后,需要将业务流量引入 SR-TE 隧道。

① 静态路由:SR-TE 隧道上的静态路由工作方式和普通的静态路由一样。配置静态路由时,路由的出接口设置为 SR-TE 隧道的接口,即可将按照该路由转发的流量导入 SR-TE 隧道。

② 隧道策略的优先级选择方式:按照配置的隧道类型优先级顺序将 SR-TE 隧道选择为 VPN 的公网隧道。隧道绑定方式:将某个目的地址与某条 SR-TE 隧道进行绑定。

③ 自动路由:自动路由是指将 SR-TE 隧道看作逻辑链路参与 IGP 路由计算,使用隧道接口作为路由出接口。根据网络规划来决定某节点设备是否将 LSP 链路发布给邻居节点用于指导报文转发。

④ 策略路由:SR-TE 的策略路由的定义和 IP 单播策略路由完全一样,可以通过定义一系列匹配的规则和动作来实现,即将 Apply 语句的出接口设置为 SR-TE 隧道

的接口。如果报文不匹配策略路由规则,将进行正常 IP 转发;如果报文匹配策略路由规则,则报文直接从指定隧道转发。

5.3.2　网络层组网设计

当 OLT 网络侧出网络级接口时,OLT 需要参与网络层组网设计,本节简单介绍 IP/ETH+OTN 双汇聚平面的组网设计。

1. IP/ETH 网络组网设计

OLT 参与 IP/ETH 网络层组网要基于 IP 路由来进行 Underlay 网络层拓扑连接和转发路径的维护,因此 IGP 设计首先要选择适当的协议。智能型排程与信息系统 (Intelligent Scheduling and Information System,ISIS)协议和开放式最短路径优先 (Open Shortest Path First,OSPF)协议都是比较常用的路由协议。

ISIS 实现简单,如指定路由器(Designated Router,DR)选举简单直接、邻居建立中间过程简化、非骨干区域无精确路由、区域以设备粒度划分等;而 OSPF 协议实现更加精细化,如 DR 选举过程要考虑邻居稳定、非骨干区计算精细路由、区域划分以接口为单位。这样就导致 OSPF 支持的应用场景更加丰富,路由计算更加精确,实现考虑诸多方面因素,同时也带来了实现复杂性。广域骨干 IGP 仅需要基本路由功能,建议采用 ISIS;而园区局域网 IGP 应用场景丰富,建议采用 OSPF 协议。

ISIS 支持区域内增量最短路径优先(Incremental Shortest Path First,ISPF),更适合于大型单区域 IGP 网络,如运营商的骨干路由或城域路由网络、大型数据中心网络、广域数据中心互联网络。而 OSPF 协议仅支持部分路由计算(Partial Route Calculation,PRC),比较适合中小型 IGP 网络,如园区局域网部署。

ISIS 运行在链路层,安全性高于 OSPF 协议运行的 IP 层,更适合城域网。

当 OLT 参与组网时,不管采用哪种 IGP 协议,都要注意 IGP 区域的划分要匹配 OLT 支持的路由容量和路由计算能力。一般建议 OLT 所在区域的路由节点数量不超过 400 个。

承载隧道的关键需求就是保证能够满足各类业务质量属性的要求,其中包括 QoS 指标(流量工程)和业务中断指标(保护路径)。为了提供某些有特殊质量属性要求的业务,有必要严格或松散指定流量转发路径。为了简化运维难度,建议使用进行集中算路的解决方案,例如图 5-9 所示的 PCE+解决方案。

PCE+流量调优的主体部件是 PCE Server、调优 App、路径计算客户端(Path

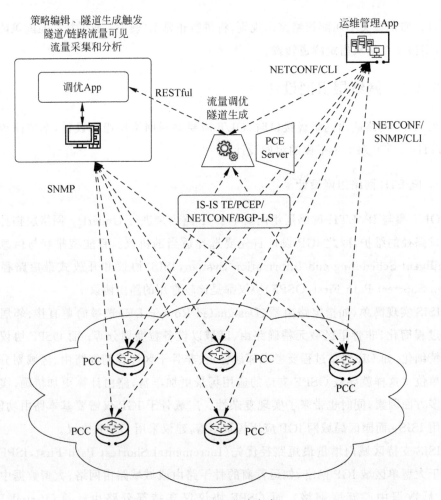

图 5-9　PCE+解决方案

Computation Client,PCC),并结合管理 App 做运维,进行基础配置(除了隧道、调优策略和拓扑属性的修改,性能检测的部署,其他的都算作基础配置)和告警处理。

(1) PCE Server:调优隧道生成,调优路径计算,隧道链路状态协议(Link State Protocol,LSP)数据下发,网络拓扑、LSP 数据收集。

(2) 调优 App:流量调优策略编辑,隧道生成触发,流量采集、分析,隧道/链路流量可视化呈现、路径呈现,调优模拟。

(3) SNMP:从 PCC 采集隧道(LSP)流量信息。

(4) RESTful(JSON):从 PCE Server 获取业务/隧道信息、网络拓扑信息,发送周期实时流量信息、隧道生成约束信息、带宽隧道日历信息。

（5）文件传输协议（File Transfer Protocol，FTP）/安全文件传输协议（Secure File Transfer Protocol，SFTP）：发送历史流量数据（文件形式）的北向接口。

（6）内部网关协议（Interior Gateway Protocol，IGP）：从 PCC 收集 TE 拓扑信息。

（7）PCEP：收集/下发 LSP 信息，生成隧道（initiated LSP/PCE for SR LSP）。

（8）NETCONF：下发标签栈（路径计算单元集中控制（Path Computation Element Central Control，PCECC）for SR LSP），下发检测配置。

（9）BGP-LS：从 PCC 收集 TE 拓扑信息。

2．OTN 网络组网设计

OTN 技术（含传统 MS-OTN 和创新 Liquid OTN）应用于城域网络能够解决带宽和光纤不足的问题，同时提供更高的业务传送品质。

OTN 在城域宽带网络中的典型应用方案如表 5-2 所示。

表 5-2　城域宽带 OTN 典型应用方案

方案名称	设备功能类型		特　点
	接 入 点	汇 聚 点	
OTN 透传	OTN 透传	OTN 透传	接入点和汇聚点业务完全透明传送，仅提供大带宽的纯管道，解决光纤不足的问题
OTN 透传 + PKT	OTN 透传	PKT	接入点业务完全透明传送，简化接入点设备部署和运维。在汇聚点通过统一集中交换完成业务汇聚，提供一级带宽收敛，降低 BNG 的端口需求并解决光纤不足的问题
WDM 承载的以太网（Ethernet over WDM，EoW）+PKT	EoW	PKT	接入点通过容量小的板级交换汇聚业务，逐点汇聚，成本低。汇聚点经过统一集中交换汇聚业务，设备容量大，灵活高效

1）OTN 透传方案

图 5-10 所示的 OTN 透传方案中，OTN 提供对业务完全透明的管道。OLT 通过双发的两个端口接入 MS-OTN 设备，MS-OTN 设备在 OLT 和 BRAS 之间建立独立的点到点透传管道，两条独立的管道实现业务的双归保护。

2）OTN 透传＋PKT 方案

如图 5-11 所示 OTN 透传＋PKT 方案中，在接入点对业务完全透明传送，在汇聚点使用分组（PKT）交换实现业务汇聚。此时汇聚点 MS-OTN 设备起到了汇聚交换机的作用。

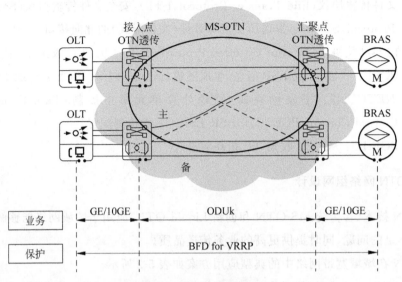

图 5-10   OTN 透传方案

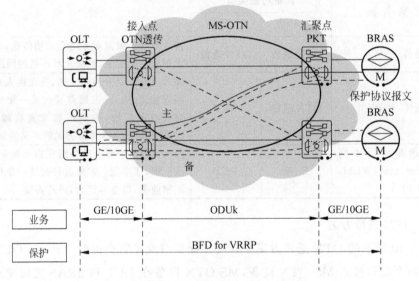

图 5-11   OTN 透传＋PKT 方案

3）EoW＋PKT 方案

如图 5-12 所示 EoW＋PKT 方案中，在接入点使用容量小、成本低的板级交换对业务进行汇聚，OLT 通过一个端口接入 OTN，业务通过 VLAN 区分，经 Native ETH方式承载。这种情况，边缘 MS-OTN 替代了汇聚交换机的作用。

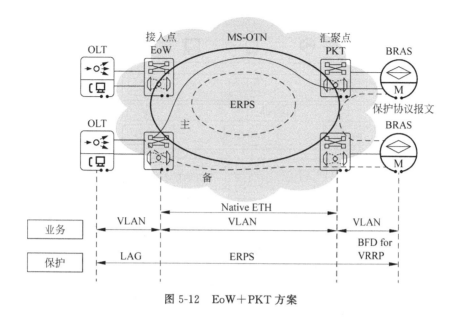

图 5-12　EoW＋PKT 方案

5.4　QoS 设计

　　QoS 是指网络通信过程中,允许用户业务在带宽、时延、抖动和丢包率等方面获得可预期的服务水平。衡量 QoS 的指标包括带宽、时延、抖动和丢包率。

　　实现 QoS 的目的是为用户设置报文的优先级,提供带宽保证,调控 IP 网络的流量,减少报文的丢失率,避免和管理网络拥塞,为不同的用户业务提供差异化服务。

5.4.1　业务层 QoS 设计

　　如图 5-13 所示,在 PON 接入网的入口处(上行方向在 ONT,下行方向在 OLT)进行流分类和报文 802.1p 优先级重标记。

　　ONT 基于 UNI 端口或者不同的 VLAN ID 区分业务报文:对于 GPON 系统基于 VLAN ID 进行 GEM port 映射,保证不同业务报文进入不同 GEM port,每个 GEM port(每种业务)对应一个 T-CONT 或所有 GEM port 共用一个 T-CONT。

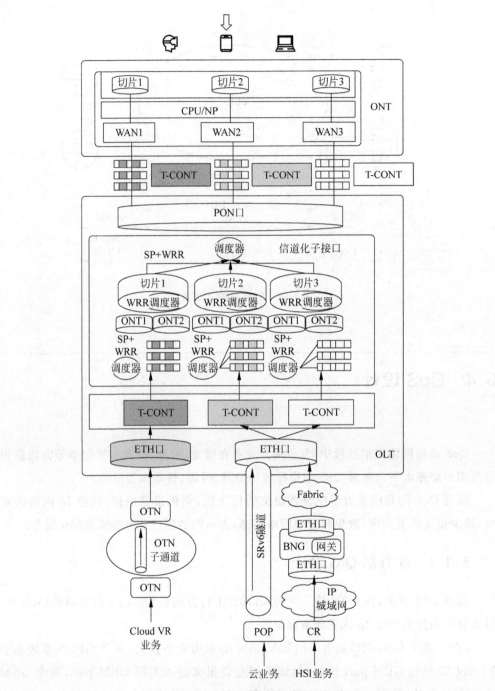

图 5-13 业务层 QoS 模型

OLT 上按照用户"带宽套餐"类型设置不同的 DBA 模板,业务发放时根据用户申请的"带宽套餐"选择相应的 DBA 模板,DBA 类型推荐 Type3(保证带宽＋最大带宽),在保证用户固有带宽的同时,还允许用户有一定带宽的抢占,但带宽总和不会超过配置的最大带宽。ONT 的 T-CONT 上行优先级调度方式采用"基于报文 802.1p 的优先级调度"。一个 PON 口下所有 ONT 的保证带宽与 OMCI 管理通道固定带宽之和应小于 PON 上行带宽,并适当预留一定带宽用作后续扩展。

推荐所有 ONT 采用相同的 VLAN 配置,统一在 OLT 进行 VLAN 切换,保证相同类型和相同"带宽套餐"的 ONT 使用同一个线路模板和业务模板。

建议 OLT 内部基于 802.1p 优先级按照 PQ 调度方式进行拥塞控制。在业务配置中,管理业务优先级最高,建议配置 802.1p 优先级为 6;语音业务优先级次高,建议配置 802.1p 优先级为 5;IPTV 视频业务优先级中等,建议配置 802.1p 优先级为 4;普通上网业务优先级最低,建议配置 802.1p 优先级为 0。

5.4.2 网络层 QoS 设计

当 OLT 网络侧出网络级接口时,需要考虑网络层 QoS 设计。

在 Underlay 网络层中,如图 5-14 所示,隧道中间节点看不到 Overlay 业务层的信息,只会根据 Underlay 网络层的优先级信息进行 QoS 调度。对于 SRv6 隧道的 IPv6 报文来说,优先级信息是 IPv6 头中的流量等级(Traffic Class,TC)(区分服务编码点(Differentiated Services Code Point,DSCP))字段和以太 VLAN 头里面的 CoS。隧道中间节点一般依赖 Underlay IPv6 TC(DSCP)进行调度。所以上行方向需要将 Overlay 业务层的优先级映射到 Underlay 网络层的优先级,下行方向需要将 Underlay 网络层 IPv6 报文的优先级映射到 Overlay 业务层。

理论上,下行方向需要做的优先级映射处理与上行方向正好相反,但是因为报文出隧道时报文 IPv4 头是保留的,里面的 DSCP 信息也仍然存在,故一般只需要支持 Underlay IPv6 TC 到 Overlay 层 ETH CoS 的映射即可。

(1)上行方向。

将 Payload 的 IPv4 报文的 IPv4 DSCP 映射到 Underlay IPv6 TC(DSCP),或者将 Payload 的 IPv4 报文的 ETH CoS 映射到 Underlay IPv6 TC(DSCP)。

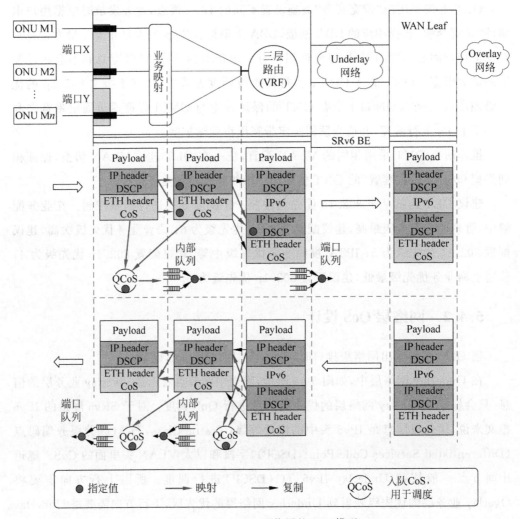

图 5-14　Underlay 网络层的 QoS 模型

（2）下行方向。

将 Underlay IPv6 TC(DSCP)映射到 Payload 的 IPv4 报文的 ETH CoS。

OLT 自身设备报文入队列是根据 QCoS 来入队列，所以建议优先级映射和 OLT 本设备的 QCoS 保持一致。

（1）上行方向：将 Payload 的 IPv4 DSCP 映射到 QCoS，或者将 Payload 的 ETH CoS 映射到 QCoS。

（2）下行方向：将 Underlay IPv6 TC 映射到 QCoS。

5.5　可靠性设计

在全光接入网中,不仅接入的用户非常多,而且接入网需要支持多种业务接入(如企业专线业务、移动承载业务等),这些业务又都对可靠性的要求非常高,如果设备出现故障而没有保护措施,就会导致相关业务出现中断,影响非常大,所以 PON 接入网需要考虑完善的可靠性方案。包括 Overlay 业务层和 Underlay 网络层的可靠性。

5.5.1　业务层可靠性设计

对于大、中容量的 OLT 设备,需要支持设备内重要部件的可靠性备份,如图 5-15所示。当某个重要部件发生故障时,可以快速切换到备份部件上,确保整个系统的正常工作。

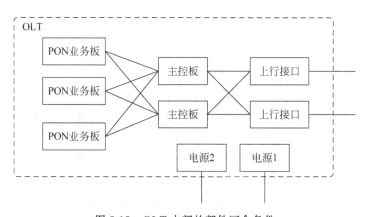

图 5-15　OLT 内部的部件冗余备份

PON 线路侧的保护可根据具体的业务进行设计和配置。对于企业专线业务以及移动承载业务,建议采用 Type B 双归属或者 Type C 双归属组网进行保护,如图 5-16所示。OLT 的上行通过链路聚合控制协议(Link Aggregation Control Protocol,LACP)和 SR 相连,进行链路的保护。

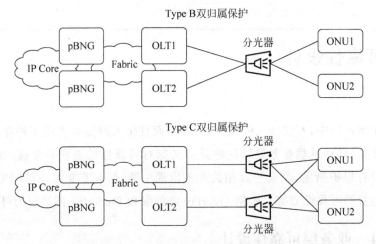

图 5-16　Type B 和 Type C 双归属保护

5.5.2　网络层可靠性设计

当采用 Underlay 网络承载 Overlay 三层业务（Native IP，L3 VPN）时，Underlay 网络通过 IP-FRR 和 ECMP 保护，Overlay 通过 ECMP 保护，如图 5-17 所示。

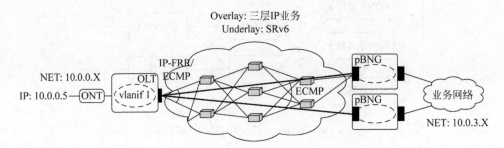

图 5-17　基于 SRv6 的 L3 业务保护方案

当采用 Underlay 承载 Overlay 二层业务（Native Ethernet，EVPN）时，Underlay 网络通过 IP-FRR 和 ECMP 保护，Overlay 则通过 EVPN 协议形成 VPWS 主备保护。

OLT 所在的 Leaf 节点作为业务接入点，在高可靠性场景下，需要支持 Type B 双归接入，通过 Type B 来定主备，如图 5-18 所示。

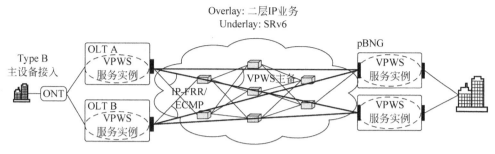

图 5-18 基于 SRv6 的 L2 业务保护方案

5.6 OAM 设计

全光接入网由于需要支持多业务的接入，所以需要提供比较完善的操作管理维护（Operations Administration & Maintenance，OAM）功能，提供线路上的故障检测和性能监控。可以使用 OAM 手段保证网络可以提供不同 SLA 的通道，提供差异性的服务。

需要区分网络层和业务层，分层独立地对网络进行故障检测和性能监控。同一分层中，不同的网络技术相应地也要求不同的 OAM 技术进行检测。

5.6.1 业务层 OAM 设计

1. 二层业务的 OAM 方案

Y.1731 的典型 CFM 组网如图 5-19 所示，为用户、业务提供商和运营商 3 个维护等级设置了不同的维护域。

如图 5-19 所示，Y.1731 的 CFM 组网中，分为 3 个维护等级和 4 个不同的维护域，运营商 A 和运营商 B 分别维护各自从 BNG 到 ONT 的运营商域，业务提供商维护2 个 ONT 之间的业务域，用户可以维护 2 个家庭网关之间的用户域。可以实现从多个不同的维度进行连接连通性的检测。

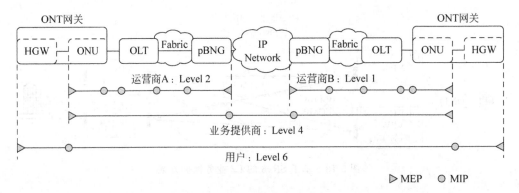

图 5-19　Y.1731 CFM 组网

Y.1731 的性能监控(Performance Monitoring,PM)功能可使用在移动承载专线中,移动承载专线网络对链路可靠性要求较高,需要启动 PM 功能。

如图 5-20 所示,在移动基站的上行端口、ONU 的用户端口、OLT 的上行端口、BNG 的用户侧端口保护组或下行链路聚合组上部署维护终端点(Maintenance End Point,MEP),可分段检测各维护实体组(Maintenance Entity Group,MEG)内链路的性能。

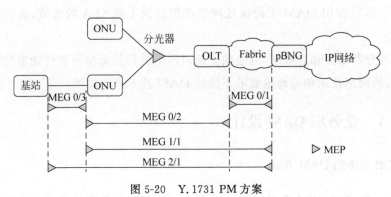

图 5-20　Y.1731 PM 方案

如图 5-21 所示。对于一些专线(如光纤到办公室(Fiber to the Office,FTTO)的视频监控专线),也可以采用 Y.1731 的 PM 功能进行检测和监控。

FTTO 视频监控专线的 Y.1731 PM 功能存在以下两种场景。

(1) 在 OLT 上联的 BNG 的用户侧接口(User-Network Interface,UNI)和 ONU 的 UNI 建立维护实体(Maintenance Entity,ME),检测连通性以及单向的丢包、时延、抖动。

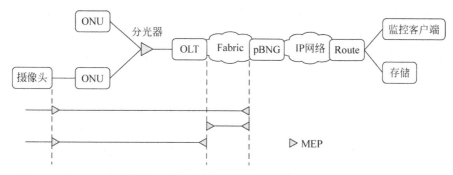

图 5-21　视频监控专线使用 Y.1731 PM

（2）在 OLT 的网络侧接口（Network-to-Network Interface，NNI）和 ONU 的 UNI 建立 ME，检测连通性以及单向的丢包、时延、抖动。

二层 VPWS 业务的 OAM 方案如图 5-22 所示。ETH OAM 对 Overlay 的二层业务进行质量检测，发送端发送检测报文，监控链路质量，发送告警。

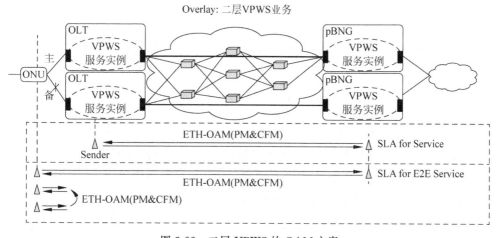

图 5-22　二层 VPWS 的 OAM 方案

2. 三层业务的 OAM 方案

承载 L3 VPN 或者 Native IP 时，BNG 作为 PE 设备，OLT 只做桥接转发，将业务封装到 S+C VLAN 或者 EVPN 中送到 BNG，BNG 将 L3 VPN 引入对应的 VPN 实例进行处理。

虽然 OLT 对于 L3 VPN 和 Native IP 只做桥接转发,但是可以在 OLT 部署该业务的一个 IP host,用于 OAM 测试。

双向主动测量协议(Two-Way Active Measurement Protocol,TWAMP)定义了一种用于 IP 链路的性能测量技术,是一种可测量网络中任意两台设备之间往返 IP 性能的灵活方法。

如图 5-23 所示,TWAMP 使用 UDP 数据包测量网络时延、抖动和丢包。利用TWAMP,可以通过已经部署的网络设备之间的合作,有效地测量传输的完整 IP 性能。TWAMP 技术包含两个物理设备,分别是 Controller 和 Responder。Controller作为起端,由其他设备或测试仪器承担;Responder 作为反射端,由 OLT 或 OLT 下挂的 ONT 承担。

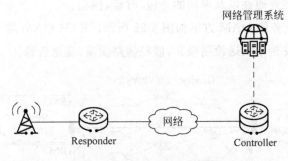

图 5-23　TWAMP 通信模型

Controller 和 Responder 有如下功能。

(1) Controller:TWAMP 测试的客户端,作为主动发起方,完成测试会话报文的发送和接收、性能数据的采集和计算,并将最后结果上送给网管平台。

(2) Responder:TWAMP 测试的服务器,作为被动接收方,只负责反射测试会话报文,不涉及测试结果的计算和上报。

在 TWAMP 统计方式中,网元设备无须生成和维护统计数据,性能管理系统只需管理网络内性能统计发起节点(即 TWAMP 客户端)即可获取整网的性能统计数据,实现快速、灵活地部署 IP 网络的性能统计。与传统的 IP 网络性能统计工具相比,TWAMP 具有如下特点。

(1) 对网管能力要求低,与网络质量分析(Network Quality Analysis,NQA)相比,TWAMP 具有统一的检测模型和报文格式,配置方式简单,不需要设计测试用例。

（2）不要求时钟同步，与 IP 流性能测量（Flow Performance Measurement，FPM）相比，TWAMP 可获得性、可部署性较强。

鉴于 TWAMP 协议自身的特点，当期望能够比较快速、灵活地部署 IP 性能统计，并且对统计数据的精度要求不高时，可以采用该种方式。

TWAMP 的测量数据如下。

（1）时延：数据包第一比特进入路由器到最后一比特从路由器输出的时间间隔。

（2）抖动：时延变化，由于网络拥塞、队列不当、配置错误等原因，导致连续数据流中均匀的数据包在接收侧接收到数据包的时间间隔不一致，该时间间隔的变化称为抖动。

（3）丢包率：测试中所丢失数据包数量占所发送数据包的比率。

如图 5-24 所示，使用 TWAMP 对 Overlay 的三层业务进行质量检测，发送端发送检测报文，OLT 和 ONU（假设 ONU 是用户边缘设备（Customer Edge，CE））只作为反射器反射报文供发射端进行参数检测。还可以在 OLT 上直接针对业务层 IP 进行 Ping 和 Tracert。

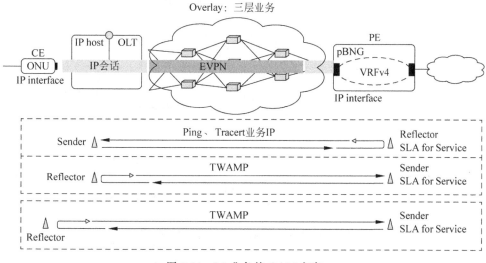

图 5-24　L3 业务的 OAM 方案

5.6.2　网络层 OAM 设计

如图 5-25 所示，针对 VXLAN 隧道，可以通过双向转发检测（Bidirectional Forwarding Detection，BFD）隧道对端 IP 来检测隧道状态，如果状态为 Down，则联动相应的隧道置 Down,并引发隧道上层的 Overlay 业务 VPWS 发生切换。还可以通过域内路由协议会话的 BFD 检测来进行 Underlay 网络层的 IP-FRR 或者 ECMP 快速切换。

针对 Underlay 网络层的 IP 的 Ping,Tracert,TWAMP 测试可以检测链路的质量。

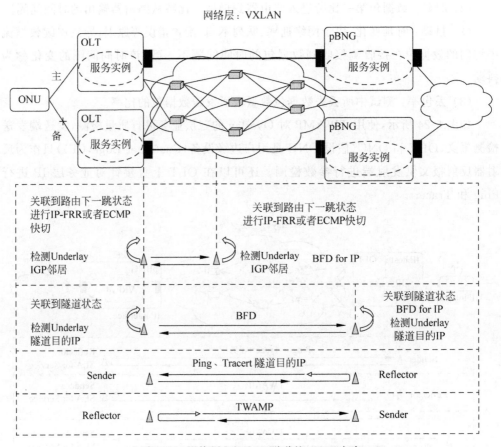

图 5-25　网络层 VXLAN 隧道的 OAM 方案

如图 5-26 所示,SRv6 隧道暂不支持通过 BFD 检测隧道终点 IP 来检测隧道状态(标准正在制定中)。可以通过 BFD 检测隧道下一跳 IP 来进行网络层的 IP-FRR 或者 ECMP 快速切换。

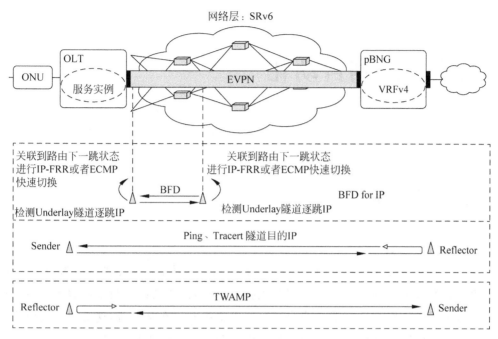

图 5-26　网络层 SRv6 隧道的 OAM 方案

第 6 章

全光接入网自动化

6.1　面临挑战

现阶段的接入网络"规划、建设、运营和维护"依然需要大量的人工参与。比如，家庭带宽升级时，如果用户终端需要升级换代，依然需要装维人员上门服务。运营商为之付出了高昂的成本，宽带用户自己也需要安排时间在家等待，这给用户造成了一些不便。我们可以通过网络自动化、数字孪生和人工智能等技术，使能网络极简和运维极简，助力运营商提升运维效率、能耗效率、资源利用率和客户体验。

在接入网络已经普遍部署的背景下，全光接入网络自动化的诉求日益迫切。根据现网情况分析，还有些工作需要大量人工参与，存在以下挑战。

（1）网络建设规划难。

存量网络的资源管理是增量网络规划的前提，但是目前运营商的资源管理系统依然存在着大量人工录入的场景，甚至存在着大量的"哑"资源，导致难以实现精准的网络建设规划。

（2）设备部署步骤多。

在网络建设中，由于初始安装的 OLT 设备都是统一发货的，无法识别该设备具体安装到哪个运营商的某个站点上，所以新安装部署的 OLT 等设备也无法预先配置好管理 IP 地址。按照传统的建设方式，必须要软件调测工程师携带便携机到 OLT 站点现场，配置该 OLT 设备的管理 IP 地址和管理通道等，才可以实现对该 OLT 设备的远程管理。工程师可能爬上电线杆，穿过街道，甚至进入下水道，这给软件调测工作带来了极大的困难。

（3）业务发放时间长。

减少用户需求的响应时间并降低运维成本不仅是运营商的诉求，也是每一个迫切想开通宽带业务用户的诉求。但是在很长的一段时间内,用户去运营商申请宽带新业务后,可能需要等待一天以上的时间才能开通,让宽带用户倍感不便。

（4）网络故障恢复慢。

宽带用户电话报障后,经常需要运营商安排人员到用户家中检测用户网络情况,定位业务问题。业务恢复时间慢,投诉占比高。

另一方面,随着网络进入千行百业,新应用和新用户对网络提出了新诉求,如特殊时期的"在家办公、在家学习和在家娱乐"等场景化体验诉求。如何实现这些差异化诉求的自动化网络服务依旧面临着诸多挑战。

6.2　自动化方案

要实现全光接入网络全生命周期的自动化,强大的管控系统是必不可少的。结合SDN 等理念,接入网络管控析平台需要具备"业务可编程、设备部署快、网络资源准,业务自发放、体验可度量"等能力。

同时接入网已经有较大的存量网络是基于传统网管管理的,所以整体管控析平台设计需要支持平滑演进。综合来看,全光接入网络自动化架构建议如图 6-1 所示。

当前接入网依然需要大量人工参与,甚至很多新场景人工难以参与。如何解决这些问题呢?"全光接入网络自动化"是必然的趋势。其目标是让接入网进入全面自动化时代,实现自动规划、自动建设部署、自动化业务运营、自动化维护,甚至自动优化。

结合现阶段突出矛盾,实现全光接入网络自动化需要做如下的相关设计。

（1）网络分层建模。

首先实现接入网网元抽象层,作为设备相关层,向上层提供开放的网元级原子API,屏蔽接入技术和设备的差异。同时支持设备驱动框架,支持适配多厂家多类型的接入设备,隔离具体技术和设备形态的影响范围,缩短新技术和新设备导入的时间。

（2）设备即插即用。

主要包含 OLT 设备实现自动化部署,不再需要现场软件调测。ONT 实现用户自安装,减少上门服务次数等。

（3）网络资源逻辑集中调度。

统一管理接入物理资源形成接入资源池。需要构建逻辑接入网络,把物理接入资

接入网控制层

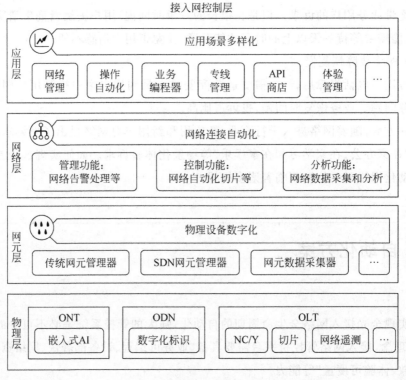

图 6-1 全光接入网络自动化架构

源和逻辑接入网络映射绑定,逻辑接入网管理、控制和转发面独立隔离,使得同一物理接入网络成为多张可独立运营维护的逻辑接入网络。

(4)模型驱动可编程。

基于元数据设计易于理解的开放 API,模型和原子接口可编排,快速定义新业务工作流。定义好的模型和工作流可动态加载到运行环境,尽量避免新业务上线时进行系统升级。

(5)业务自动发放。

支持基于服务事务的自动拆解和调度,实现自动化的配置和激活,自动派单,自动异常回退等,支撑业务发放效率的提升。

(6)云网协同动态随选。

通过接入、传送和 BNG 等网络跨域协同,根据最终用户申请的业务属性和网络资源的可获得性,实时选择业务接入点和回传路径,动态建立接入管道。这样做既能保障最终用户业务体验,又增加了运营商业务部署的灵活性和可靠性,有效提升了投资回报率。

6.3　自动化典型场景

6.3.1　固定接入共享

由于全光接入网初始建设的管道、光缆铺设的工程费用高,因此,一些国家的几个运营商采用共享共建的方式来分担全光接入网的建设费用,但是同时这些运营商又需要按照各自的业务规划开展有特色的业务。

另外,有些国家为了促进竞争,要求接入网络物理资源必须开放,由于 PON 技术的点到多点的特点使得物理光缆很难做到本地环路开放(Local Loop Unbundling,LLU),因而一般网络提供商(Network Service Provider,NSP)会采用虚拟非捆绑本地访问(Virtual Unbundled Local Access,VULA)的方式提供逻辑接入 Wholesale 业务。

当前的接入批发业务,零售业务运营商(Retail Service Provider,RSP)只能使用 NSP 定义的业务模型开展业务,由于从 NSP 接入网络获取的信息有限,所以在问题定位时需要联系 NSP 参与,不管是业务开展还是运营维护都对 NSP 依赖大、流程长。RSP 需要对接入网络资源有更大的控制权,从而加快给最终用户提供业务和解决问题的速度,提升最终用户的体验。

如图 6-2 所示,固定接入共享(Fixed Access Network Sharing,FANS)利用了 SDN 转控分离和集中控制的理念,把物理接入网资源池化,在云化部署的接入管理和控制器上集中地创建多个独立的管控实例,把物理资源,如转发面资源,分配给逻辑的管控实例,从而把一张物理接入网划分成多张逻辑的虚拟接入网络。

FANS 功能要求接入域管控器支持多租户机制,可把底层物理网络的资源映射配置到逻辑网络实例上,并且保证逻辑网络实例所分配资源的信息隔离,对资源访问进行认证和授权。同时接入域管控器提供业务级的开放 API 接口供 RSP 的 IT 系统进行调用,使得 RSP 能够直接访问其所属的逻辑资源和物理资源的状态,从而做到直接进行业务发放、故障定责定位以及主动的最终用户体验保障。

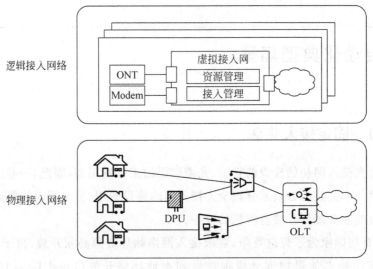

图 6-2　固定接入共享网络

6.3.2　ONT 即插即用

减少客户需求的响应时间并降低运维开销是运营商持续不断的追求。

ONT 即插即用流程使得最终用户可以自安装 ONT,触发 PON 接入业务自动发放和开通,减少工程师上门,从而节省了运营商的费用,同时也缩短了最终用户获取接入业务的时间,具体流程参见图 6-3。

(1) 运营商采购 ONT 入库时批量导入 ONT 序列号(Sequence Number,SN)到 OSS。

(2) 用户申请 PON 接入新装。

(3) 运营商人员根据工单从库房提取 ONT 并在 OSS 系统中录入 ONT SN 和用户信息的绑定关系,然后投递 ONT 给用户。

(4) OSS 根据用户地址信息确定 PON 口和 ONT ID,把用户套餐信息、ONT SN、预分配的 PON 口和 ONT ID 信息下发接入管理器。

(5) 用户自安装 ONT 并上电。

(6) ONT 向 OLT 发起注册,OLT 把注册信息上报给接入管理器。

(7) 接入管理器(管控析平台的管理模块)根据上报的 OLT PON 和 ONT SN 信息匹配数据库中的记录,匹配到则根据用户购买的套餐在预置的 OLT PON 口新建业务连接,否则向 OSS 上报告警。

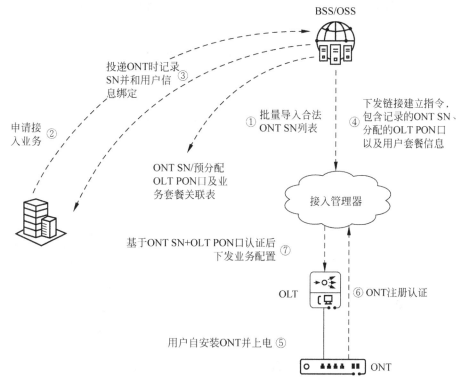

图 6-3　ONT 即插即用流程

　　用户携带 ONT 搬迁也是一个常见的场景。通常情况下,即使用户搬迁前通知了运营商,由于不知道用户什么时候搬迁完成,所以运营商不能进行配置变更,而是要等到用户搬迁完成的通知后才能进行迁移接入配置。从用户通知运营商,运营商安排工单给 OSS 人员开始变更,到 OSS 人员完成配置变化,流程很长,因而用户的等待时间也长。

　　利用接入管控析平台集中存储的 ONT 和用户套餐的信息绑定,我们有条件使得用户搬迁的连接重建工作自动完成,具体流程参见图 6-4。

　　(1) 用户申请搬迁。

　　(2) OSS 人员向接入管理器(管控析平台里面的管理模块)下发搬迁标志并根据用户即将搬入的新地址得到新的 OLT 及接入 PON 信息。

　　(3) 用户携带 ONT 完成搬迁,上电 ONT。

　　(4) ONT 向 OLT 发起注册,OLT 把注册信息上报接入管控器。

　　(5) 接入管理器根据 ONT SN 匹配数据库中的用户信息,确定用户已申请搬迁,则根据用户购买的套餐在预置的 OLT PON 口新建业务连接。此时用户业务已经恢复。

（6）接入管理器删除原来用户接入的 OLT 上的历史配置,通过 OSS 搬迁完成并清除搬迁标志。

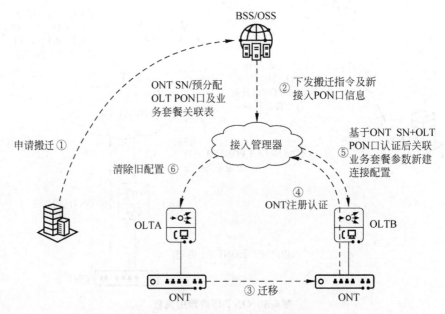

图 6-4　ONT 漫游自动业务恢复流程

6.3.3　云网协同

网络上承载的应用越来越多,各种应用对网络的质量要求也各有不同,同时使用用户的物理位置越来越分散,而且使用时间和带宽需求不可预测。为了在快速响应最终用户连接需求和按照应用要求提供应用体验保证的同时降低运营成本,运营商提出了分布按需部署业务访问点(Point of Presence,POP)的需求。

针对低时延要求的视频、VR 业务的 POP 部署尽可能靠近最终用户,而对于时延要求不高的 Internet 访问 POP 点集中式部署在核心机房(高挂)。由于 POP 是分布式按需部署的,因此接入设备上的用户连接就不能再采用静态预配置的方式,而需要在用户初始接入时上报接入管理器(接入管控析平台的控制模块),再进而通告 OSS 系统,由 OSS 系统根据用户订购的业务套餐参数以及接入应用的类型选择合适的 POP点,在 POP 选定后 OSS 再通知跨域协同器计算满足质量要求的路径并分别通知接入管理器、传送控制器和 BNG 控制器建立从接入设备到 POP 点（即 BNG）的连接通道。BNG 对用户连接认证后，业务连接通道才最终打通。

　　云网协同流程如图 6-5 所示，集中式部署的控制器极大简化了上述跨域协同和自动化业务发放的复杂度，满足了运营商在新业务形式下的敏捷要求。

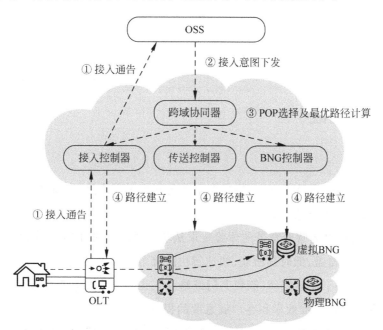

图 6-5　云网协同流程

第 7 章

全光接入网智能化

7.1 面临挑战

随着 4K 高清视频、VR、在线游戏等宽带业务的逐渐普及，当前接入网络在用户体验和运维方面面临以下挑战。

（1）广大用户对运营商宽带的体验要求从单一的网速快，向超宽带网络、超清流畅视频、全面 Wi-Fi 覆盖、低时延游戏、快速解决故障等多维度转变。

（2）传统的基于投诉驱动、依赖上门维修和人工经验定位故障的被动低效运维模式，严重制约了客户运维效率和客户满意度的提升。

（3）运营商网络资源不可视，对固网宽带用户网络缺乏感知，以及缺少有效的用户维系手段等问题，导致运营商 OPEX 与网络规模同步增长。

接入网急需进行智能化的升级，遵循智能化的设计目标和原则来构建智能化使能系统，有效结合数据、算法和算力来解决当前的痛点问题，提升用户的体验感知，帮助运营商降本增效，实现接入网体验经营的正向循环。

7.2 智能化方案

管控析平台的分析器从网络上收集数据，基于大数据和人工智能来分析、感知网络的状态和事件并输出决策。一部分提供给管控析层内的控制模块闭环，另一部分需要跨域的决策输出给上层决策系统执行。

智能化架构如图 7-1 所示,提供了网络智能维护、网络运营、用户体验管理、网络和最终用户大数据等相关 API 接口。

1. 智能化架构包含的部件

(1) 网络层:包括 Underlay 网络层和 Overlay 业务层,提供模型化的数据订阅、数据采集和数据上报功能。主要指标是采集的数据是否齐全、采集的频率是否足够快、数据订阅是否足够灵活可编程。除此以外,网络最好包含边缘智能模块,可以进行边缘推理,形成设备内的闭环控制。

(2) 数据前置处理器:对数据进行预处理的前置处理平台,生成基于时间序列并且是模型化的"网络运行信息快照",主要指标是数据的处理效率、生成快照的详细程度、快照的频度。

(3) 分析器(管控析平台内的分析模块):分析器包含大数据平台,将数据前置处理模块上报的"接入网运行信息快照"进行集中的数据处理和存储;分析器平台则是支撑数据分析、在线训练、在线推理的服务平台,可以支撑数据预处理任务、数据分析任务、特征工程任务、在线训练任务、云端推理任务、云端决策任务、AI 模型及算法管理任务的编排和运行。另外分析器还提供"智能维护""用户体验管理"和"网络智能化运营"三个服务,并对外提供可视化的人机接口以及北向机机接口。主要指标是数据处理效率、算法丰富度以及对外接口的开放度。

(4) 关联的外部部件。

① 上层 OSS:负责跨域的网络调整决策及分析器其他外部系统(资源管理系统、客户关系管理(Customer Relationship Management,CRM)系统、网络 KPI 管理系统等)的关联。

② 控制器(管控析平台内的控制模块):分析器给出的本域内网络的优化指令可以输出给控制器形成闭环,控制器也需要提供网络拓扑/资源使用/配置信息给分析器。

③ 网络抽象层:主要用来屏蔽网元的厂家差异,为控制器提供统一标准的模型化接口。

④ 模型驱动:包含两方面,第一,使用网络资源模型和网络运行模型来描述网络资源(包括网络拓扑)的使用状况和网络的运行状况,优点是便于订阅,方便进行兼容性管理,防止数据碎片化,便于实现多厂家互通和未来新场景扩展;第二,利用确定性专家经验算法进行模型化,方便和机器学习出来的模型一同管理。

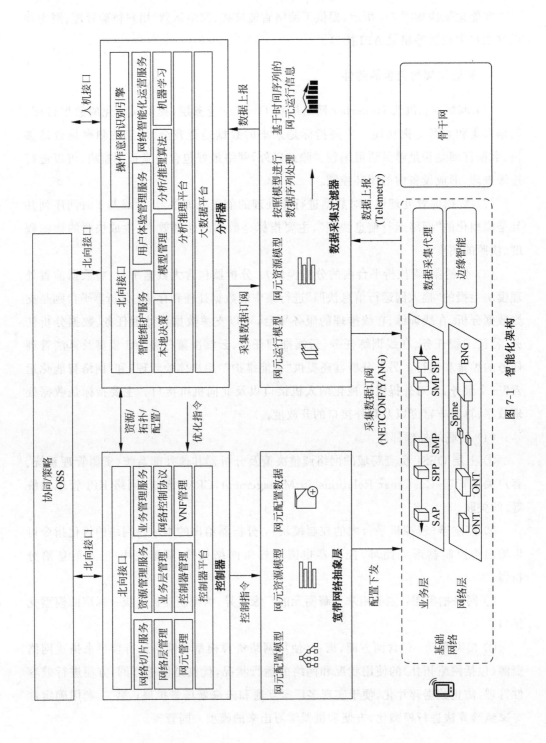

图 7-1 智能化架构

⑤ 数据驱动：包含两方面，第一，网络提供高频次的全量网络运行数据，便于分析器上增加新的确定性的数据分析算法；第二，不确定问题使用深度学习来让机器自己在全量数据中寻找特征和关联，使算法的准确度进行自我演进。

2. 智能化设计原则

(1) 数据和算法、任务分离。数据的采集上报和数据分析算法解耦，网络提供高频次的全量运行数据，要求网络层不感知算法和分析任务。

(2) 提高数据的价值密度。数据的全面性和部署成本是矛盾的，多余的数据上报到分析器会浪费宝贵的资源，但是错误的过滤数据又可能会导致深度学习失效，因此需要将在线深度学习和在线推理分离。深度学习使用全量的样本数据，推理则使用过滤后的数据，除此之外数据前置处理模块上也需要过滤掉无效数据，对数据的表达采用压缩的方式。

(3) 数据订阅和异步上报。为了减少网络和数据前置处理模块、分析器之间的耦合，提高海量数据的采集效率，网络运行数据采用订阅和"推模式"上报的方式。

(4) 经验算法和人工智能相结合。不是所有算法都适合使用人工智能，确定性的算法使用专家经验算法。

(5) 云端和边缘智能相结合。根据实时性、业务连续性对计算存储资源的要求，是否有本地化属性，是否涉及隐私等原则来确定功能放在云端还是放在边缘来实现。

(6) 数据分析算法的 Devops 交付，分离生产系统和开发环境。数据分析算法的开发需要大量的数据进行验证和机器学习，直接在生产系统中调试是危险的，所以必须采用 Devops 的开发模式，打通生产和开发环境，通过小批量持续发布、灰度发布等手段来提高稳定性和及时性。

(7) 数据分析微服务化。实现数据分析算法的 Devops 敏捷开发交付，保证其他数据分析算法不受影响。

(8) 数据分析工作流化。为了实现并行化以及减少单个数据分析算法的粒度，分析器平台要支持多个数据任务的串接和并行。

3. 智能化的设计目标

(1) 网络自治化。从维护、用户体验和网络运营三个方面结合自动化使能系统朝着"自动驾驶网络"方向努力，目前尚处于表 7-1 中 Level2 到 Level3 之间。

表 7-1　网络自治化成熟度模型

分级	名称	概念界定	人机接口	决策参与度	数据采集与分析	智能程度	环境适应性	支持的场景领域
Level0	传统的网络	由运维人员人工管控网络,可以得到网络告警、日志辅助	How(命令式)	全人工	单一、浅层感知(SNMP事件、告警)	无理解能力(人工理解)	固定	单一场景
Level1	工具辅助的网络	部分业务发放、网络部署和维护提供数字化工具辅助,网络状态浅层感知与机器提出决策建议	How(命令式)	机器提供建议,人决策	局部感知(SNMP事件、告警)	少量的分析	少变	少量场景
Level2	固定规则和策略的自动化	绝大部分业务发放、网络部署和维护的自动化,网络状态较全面感知与局部机器决策	How(声明式)	机器提供多种意见,机器做少量决策	全面感知(Telemetry基本数据)	强大的分析	少变	少量场景
Level3	规则和策略可编程的自动化	深度感知网络状态,自动进行网络控制,满足用户网络意图	How(声明式)	机器做大部分决策	全面、深层感知(Telemetry深度数据)	知识综合、预测	多变	多场景&组合
Level4	预测性的自动化	在有限的环境中,人不一定需要参与决策,可自主调整	What(意图)	人可选决策(质询人的决策意见)	全面、深层感知(Telemetry深度数据)	知识综合、远期预测	多变	多场景&组合
Level5	基于意图的规划和策略自我演进	在不同网络环境、网络条件下,网络均能自动适应、自主调整,满足人的意图	What(意图)	机器自决策	态势感知	自我进化、知识推理	任意变化	任意场景&组合

（2）成本可控。IT 系统成本（数据前置处理模块＋分析器）分摊到每个最终用户要保持在可接受水平。

（3）标准化可互通。各个部件之间尽量采用工业化标准接口，能够实现各个部件之间异厂家互通。

（4）开放性。分析器平台可以支持第三方数据分析算法，分析器对外提供丰富的可编程机机接口。

（5）安全和隐私免侵犯。防止数据被截获或者篡改，涉及用户的隐私数据要进行脱敏处理。

7.3　智能化典型场景

运营商网络智能化是长期的有节奏的逐步实践过程。首先针对运营商效率提升明显的用例入手，然后不断扩充用例、改进算法、积累经验、探索部署模式，逐步将 AI 应用到运营商全网。当前主要有质差根因分析、功耗智能调节、故障远程定位等应用场景，接下来分别进行详细介绍。

7.3.1　质差根因分析

当前网络缺乏精准的体验问题的感知能力和问题定位手段，用户业务质量下降时，往往需要在用户投诉后逐段进行人工排查，而且很可能需要反复定位，效率较低。

质差用户分析，采用如图 7-2 所示的质差根因定位。首先是通过智能分析平台对投诉用户的体验数据（卡顿、时延、丢包等）采用半监督 AI 算法进行训练输出质差模型。训练获得的质差模型在智能化使能系统部署后，基于 KPI 数据进行推理，周期性地识别质差用户。其次，将质差用户分析通过体验 KPI 与网络 KPI 关联分析，精准定位影响体验的网络问题，自动化地进行问题的闭环修复或者给出闭环修复建议。需要进行关联的网络 KPI 数据包含网元层数据、物理链路数据、逻辑链路数据等，分析的算法则可以采用前面章节提到的关联等算法。

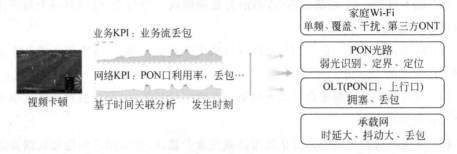

图 7-2　质差根因定位示意图

据某运营商统计,2020 年在某城市有 3 万多 IPTV 用户,每天有 7 万多条故障数据上报,30～40 起 IPTV 相关投诉。通过质差用户分析,可以快速识别投诉用户的特征,预测可能投诉的用户,实现网络问题的精准定界定位、快速排障、降低投诉率,有效提升用户业务体验。

7.3.2　功耗智能调节

在能源效率方面,比特数决定瓦特数。也就是说,较低的业务流量产生较低的功耗。通过 AI 训练生成散热、环境和业务负载 AI 模型,最大限度地提高能耗效率。在设备层,根据业务负载执行动态能源分配。如果没有流量,则可以关闭器件和逻辑模块来降低功耗。

例如,据某些运营商统计 OLT 功耗占接入网整体功耗的 40%～50%,OLT 容量提升 10 倍,功耗密度则会随之上升 4 倍。AI 技术根据流量预测,单板温度的跟踪,单板、端口状态的监控能够进行多个层级的能耗调节,如图 7-3 所示。在保证不影响业务流量的前提下,最大可能地节省功耗。

7.3.3　故障远程定位

在运维领域,运维实践可以根据主动性或被动性分为三类。

(1) 运行时失效(Run-to-Failure,R2F):如果网络出现故障,运维人员会立即前往现场并排除故障。这是最低级别。

(2) 预防性维护(Preventive Maintenance,PvM):使用 PvM 可以检查每个设备以防止出现故障。这种方式效率很低。

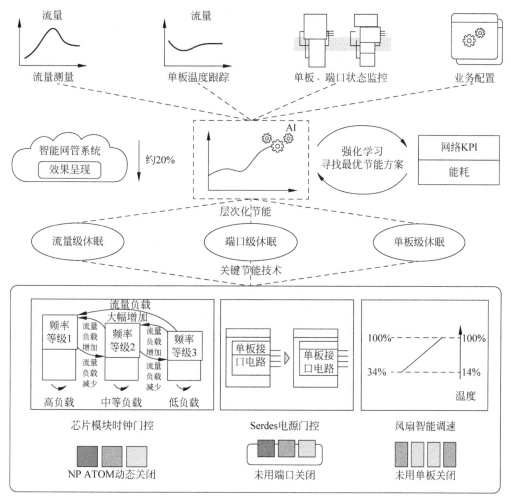

图 7-3　OLT 设备智能功耗调节

（3）可预测性维护（Predictable Maintenance，PdM）：使用 PdM 可以计算设备将来发生故障的可能性，然后执行有针对性的维护。借助 PdM，我们希望将电信网络上的警报处理和故障定位所需的工作量减少 90％。我们还旨在预测 90％ 的关键组件的故障和退化，并实现网络自我修复。

接入网故障智能运维引入 AI 和大数据分析，聚焦网络诊断和故障定位，协助客服及运维人员快速分析出网络故障点，提高网络运维效率，降低服务成本。

应用场景举例：作为用于解决"最后一千米"的宽带解决方案，PON 技术在此前"光进铜退"的风潮下已经在全球广泛部署。但在享受技术带来的助益的同时，PON

无源器件的故障定位困难并缺乏远程定位的有效手段,增大了运维成本压力。

  根据某运营商的统计,如图 7-4 所示,2020 年 7 月~12 月共收到用户 2.8 万条投诉,光链路和 OLT/ONT 光模块(光电转换模块)故障占比 34%。其中皮纤设备因为城镇改造、鼠类咬断、雨雪天气等原因造成的故障占比超过 20%,户外各种接头(冷结子、水晶头等)故障超过 6%。由于无源器件无法发出任何信息,这一段设备如果发生故障将很难准确定位。

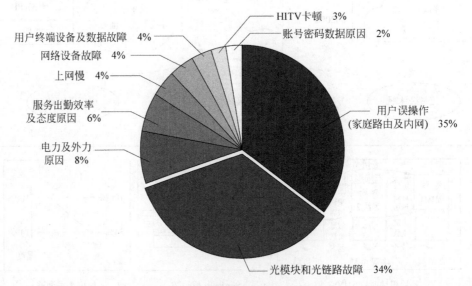

图 7-4 某运营商投诉问题占比分析

  由于光纤线路都埋在管道中无法检测,故按照现有流程,一旦家庭宽带用户投诉故障就只能带着专业测试仪器(OTDR)上门在 ONT 上检测整个链路来判断故障原因。运营商上门成本高昂,欧洲各国平均为 175 欧元,在中国也达到 50 元人民币,某运营商 2020 年一年上门的费用就达到了 1 亿元人民币之多。

  如图 7-5 所示,借助于智能化使能系统从 ONT/OLT 光模块获取历史数据,包括模块类型、模块电压、模块电流、模块温度、光层告警、光层统计、发送功率、接收功率、测量光距等,从这些数据中抽取出特征、打上标签进行 AI 训练。AI 训练出来的模型可以用于实时数据的推理,得出故障种类和故障定界两方面的信息,以此来实现故障的精准定位及预测。经过局点验证,通过此方案提供的远程定位手段,可将远程定位率从 30% 提升到 80%。

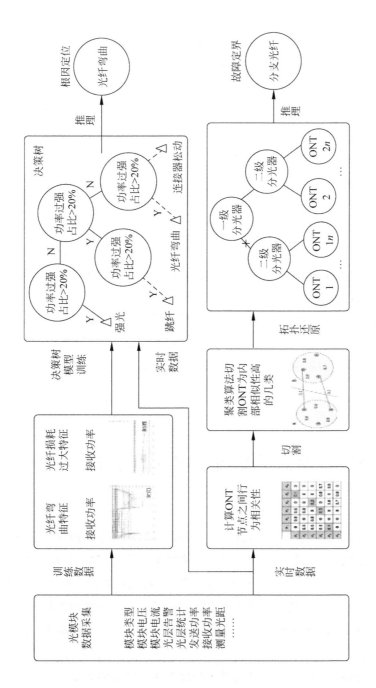

图 7-5 基于 AI 的 PON 光路问题的定界定位

第 8 章

全光接入网演进与展望

2018 年，在移动接入领域 5G 开始试商用，在固定接入领域 10G PON 开始规模部署，这两个关键事件标志着通信产业整体正在进入一个新的发展阶段。此时此刻，运营商和设备商都在积极思考一个关键问题：如何在部署新技术时构建一张面向未来 5～10 年的有商业竞争力的网络？

前面章节我们针对接入网领域提出了全光接入网的架构，并对全光接入网的架构中使用的关键技术和重要组件进行了详细的说明。总结出全光接入网的核心思路为：商业竞争激烈，业务应用众多且网络诉求多样，为了通过提升最终用户体验来构筑市场竞争力，同时最小化每比特成本取得商业成功，运营商期望未来接入网能具备超宽、差异化、智能、敏捷等特点。

F5G 全光接入网是可以从现有接入网逐步演进达成的，而不是置现网资产不理，去完全重新建设，但是演进并不意味着不淘汰旧技术、旧设备，只是要寻找合适的时间，按照最大可能挖掘旧技术和旧设备能力的策略来完成新旧技术、设备的更替。

8.1 传统接入网向敏捷自动接入网演进

随着技术的发展，网络接入的用户和终端越来越多，分布的范围越来越广，业务与应用的创新和迭代速度也越来越快。但是网络属于重资产，建设和演进的速度相对较慢，因此运营商要在未来的竞争中取胜，需要找到确定性的方法来应对不断增长的业务环境的不确定性。当前颇具共识的观点是：敏捷是未来网络的关键特性之一，即在网络上要能更快、更优成本地调动和配置资源以适应用户、终端、地域以及应用的变化。

传统接入网络向敏捷接入网络演进包括以下两个层面的改变。

（1）端到端网络的敏捷，即网络层面的管、控、维实现自动化闭环，更进一步结合智能化技术走向自治。

（2）网元的敏捷，即网元的架构从一体化向组件化演进。

8.1.1　网络自动化演进

由于接入设备业务大部分是基于以太协议的，而以太转发是基于 MAC 地址学习进行的，即核心的转发控制和转发面可认为是合一的，剩下的转发控制都是通过配置完成的，因此，对于基于以太网业务的接入设备而言，控制面和配置面可认为是合一的。要使得接入设备变成业务敏捷，最主要的就是要变接入链路静态创建为动态按需创建，而这个改变依赖于接入域控制器配置自动化的能力。

在讨论如何向自动化网络演进之前，有必要就新的自动化框架以及作用范围达成一致看法。

自动化技术在网络运维中早有应用，如前文曾提到的 PON 自动业务发放系统。那新架构的自动化有什么不同呢？新架构的自动化是超广义 SDN 思想的具体实现，其特征可总结为：网络端到端、模型驱动、可编程开放 API、软件定义。新自动化框架一方面强调的是通过标准模型和开放接口打破传统自动化框架的分片，减少信息转换的开销，做到网络端到端的高效自动化；另一方面，新自动化框架通过模型驱动可自动生成代码的机制以及 API 的可编程性使得新业务、新流程的定义机器化程度提升，为将来人工智能主动定义自动化流程达到全自治网络目标奠定基础。总而言之，开放的基于模型的 API 接口是实现的关键点。

传统网络向 E2E 网络自动化演进要解决的主要问题，就是传统设备如何融入基于模型驱动且软件定义的新自动化框架中去。当前业界对该问题有两种思路，如图 8-1 所示。

（1）通过增加接入抽象层，向上屏蔽接入设备的能力差异。对于无法支持 NETCONF/YANG 接口或部分支持 NETCONF/YANG 接口的设备，在接入抽象层南向提供适配层，完成传统管控协议或私有模型与标准模型和标准管控协议的转换。

（2）对于部分有条件的设备通过软件升级的方式使之成为软件驱动的新接入设备，从而通过 NETCONF/YANG 接口与接入抽象层直接对接。

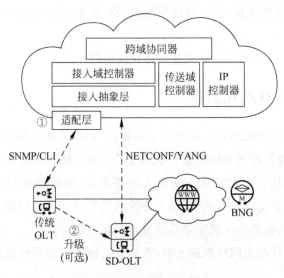

图 8-1　网络自动化演进思路

8.1.2　软件架构向组件化演进

当前接入设备具有如下特点。

(1) 地理位置分散。

受接入技术本身的限制,覆盖距离有限,需接近最终用户。

(2) 多样的接入介质和信号转换必须专用硬件。

PON、数字用户线(Digital Subscriber Line,DSL)、G. fast、Docsis 等接入技术都需要高性能的专有硬件实现。

(3) 设备部署位置和数量可规划。

由覆盖范围和管线资源规划可推导获得设备部署的位置和数量,资源基本是规划确定的,无法动态调配。

(4) 成本较高。

分布广、数量大,资本支出(Capital Expenditure,CAPEX)和 OPEX 相对更高。

由于接入网的以上特点,使得接入设备无法被完全虚拟化,而且根据业界对网络功能虚拟化的常用判据,现有接入设备功能虚拟化并云化无法有效发挥数据中心资源集中通过共享和弹性调配的成本优势。总而言之,接入功能的虚拟化价值低,原因如图 8-2 所示。

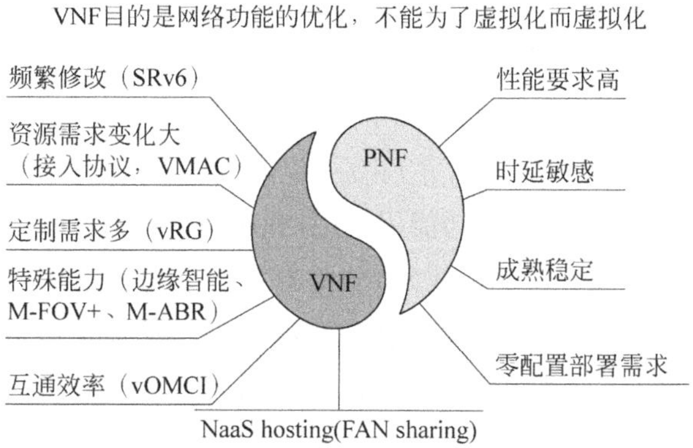

VNF目的是网络功能的优化，不能为了虚拟化而虚拟化

频繁修改（SRv6）

资源需求变化大
（接入协议，VMAC）

定制需求多（vRG）

特殊能力（边缘智能、
M-FOV+、M-ABR）

互通效率（vOMCI）

PNF

VNF

性能要求高

时延敏感

成熟稳定

零配置部署需求

NaaS hosting(FAN sharing)

图 8-2　接入设备功能不适合虚拟化的原因

顺应网络敏捷演进的潮流和接入设备特点，借鉴云端软件服务化的架构思想，接入设备软件架构组件化成为接入网元敏捷演进的主流技术趋势。组件是软件系统中可独立加载、部署和运行的二进制可执行 App。组件化是指以组件为中心的软件实现技术，即软件系统由多组件构成。

组件化是服务化技术在嵌入式软件领域的应用，与服务化的主要差异如表 8-1 所示。

表 8-1　组件化与服务化差异

项　　　目	组　件　化	服　务　化
应用环境	嵌入式设备软件	服务器软件
分布式/弹性	静态部署	动态部署/调度
无关性/异构	受限场景应用	普遍性要求

接入设备软件组件化的核心架构思想如下。

（1）大系统组件化。

功能复杂的系统化大为小，减少耦合，降低关联，用多个独立的组件来实现整体系统功能。

（2）组件级升级、部署。

每个组件都自己独立的版本，组件可以独立编译，独立打包和部署，并独立升级和替换。一个组件进行小版本升级，如果提供给外部的接口没有任何变动，其他组件完全可以不用做任何测试。

（3）组件按需加载。

在资源受限的环境下，可以通过组件按需加载，减少系统内存开销。

我们可以从组件化软件架构获取如下收益。

（1）按需随选，节省资源占用。

对于现在的一体化软件，不管功能用不用，都被整包加载到设备上并运行，占用设备的存储资源和内存。随着功能的添加，软件包大小和内存占用到了一定程度，新的软件版本还必须配套新硬件运行，导致被动升级硬件。设备软件组件化后，运营商可按需组合组件形成部署包，有效提升了硬件资源利用率，间接起到保护运营商投资的作用。

（2）新功能组件独立测试、发布和在线部署，缩短新功能上市时间。

设备软件支持组件化后，根据组件化的架构原则，新功能组件符合独立开发、测试和部署的要求，从而发布的频率会更高（例如 3 个月发布），测试的时间更短（只需要测试新组件功能以及与新组件有接口交换的原有组件功能），且可在线加载运行，会大幅缩短 TTM。

（3）组件级升级，缩短版本升级和业务中断时间。

组件级升级相比一体化软件包升级而言，存在如下优势。

① 组件间 API 解耦受控，变更范围可预测，减少测试工作量。

② 组件而非大包加载，传输时间短，提升升级效率。

③ 流程和状态分离，基于组件级在线业务软件升级（In-Service Software Upgrade，ISSU），纯软件功能的升级业务中断可达毫秒级。

8.2　自动接入网向自治接入网演进

如何在现有网络中引入智能运维并提升网络的自治化水平？最重要的就是找到要解决的问题，引入智能化使能器，逐步增加新的应用和算法，不断迭代，最终走向全自治。

1. 自治接入网要解决的问题

（1）首先确定现网运维上存在的关键效率问题，根据经验，运营商存在的关键效率问题如下。

① 用户的体验缺乏技术手段进行主动管理。

② 接入网利用率管理水平低,经常出现利用率不均衡的情况,有些区域单板、端口利用率、上行口带宽利用率很低,有些区域则过高。

③ 常见故障(家庭 Wi-Fi、接入 PON 线路故障)无法主动识别,只能被动地由最终用户报障触发,投诉比居高不下。

④ 家庭网络和接入 PON 线路故障无法远程确定根因,需要派人上站或者上门处理,故障处理成本高。

(2) 设计解决关键问题的算法,包括输入数据、分析算法和输出的结果。

① 如果运营商的自身技术力量不足以完成算法设计,可以寻求有经验的供应商和研究结构来完成。

② 用户的体验管理要首先解决重点应用(体验容易受损,用户比较关注)的体验可视化问题。

③ 接入网网络利用率问题优先实现 OLT 的上行端口利用率和 PON 利用率的统计和预测。

④ 优先完成家庭 Wi-Fi 的覆盖和干扰故障的识别和诊断,优先完成 PON 线路主干和分支光路故障的识别和诊断。

⑤ Wi-Fi 的噪声模型识别以及 PON 光路的故障识别适合使用人工智能来解决,其余使用专家经验即可。

(3) 设计采集—分析—执行的智能化架构,不仅要解决当前的问题,还需要考虑未来的扩展性。

① 网络的运行数据采集接口,重点考虑性能和可扩展性,初始通信带宽可以从100kb/s 起步,未来会扩展到 10Mb/s,运输封装采用 GPB over gRPC 或者 GPB over UDP,订阅采用 NETCONF/YANG 协议,实时性要求不高的数据也可以使用原有的告警和日志。

② 控制器接口,主要负责数据的交换,包括静态、动态拓扑、配置数据的更新,需要采用模型化的 RESTful 接口。

③ 可以先采用集中式数据前置处理,随着采集性能的要求提升,再进行数据前置处理模块的分布式部署。

④ 大数据分析平台,除了基本的存储和数据视图以外,最重要的是提供一个数据分析的运行平台,包括算法管理、运行任务流水线、分析任务的编排。

（4）开发、验证和交付，采用实验算法的 DevOps 的开发交付模式，为以后的扩展性打好基础。

① 统一设备的数据采集接口，包括传输接口要求、采集项和性能要求。

② 控制器接口也要求对应的设备商提供开发支持。

③ 数据前置处理模块和大数据分析平台也是必要的基础设施。

④ 大数据分析平台上的 App 和算法需要采用 DevOps 的快速开发交付方式，分离生产和开发系统，进行快速开发，小批量交付和验证。

2. 演进方案

有了基础的智能化实践之后，接下来需要实现一个独立于算法和用例的数据服务层，提供全量的高频采集的运行数据视图。

（1）设计完整的网元、网络和业务层的运行数据模型。

（2）设备实现完整的数据订阅和上报。

（3）在数据前置处理模块上设计实现完整的数据服务层，根据运行模型来实例化网络上运行数据。

（4）独立于数据服务层的发展，规划和实现新的算法和业务功能，比如：更多的故障模式的识别和诊断，常见故障的预测，用户特征的识别等。

（5）引入深度学习，进入数据驱动时代，深度学习的好处是不需要人工去选取特征值，只需要将全量的运行数据和标记的结果扔给机器，机器会自行寻找哪些数据和结果之间有关联，建立模型。

（6）引入云端加速芯片，深度学习没有硬件加速是难以想象的，另外一些实时的推理也需要硬件加速来提高效率。

（7）增加边缘智能，实现实时的控制优化，边缘智能的好处是实时性强，节约通信带宽，保护用户隐私，对于基于应用和用户特征的预测性 QoS，实时物联网应用至关重要。

（8）引入公有云 AI 服务，一些专业的供应商会提供网络运维的公有云 AI 服务，在初期应用的时候也可以引入这些服务来降低成本，快速实践。

综上所述，我们认为网络演进的最终目标是网络自治，什么时候才能落地，尚待规划，但是首先要在网络基础架构上做好准备，确保走在正确的路上。

8.3　全光接入网未来展望

展望未来,我们相信 F5G 全光接入网以"一业带百业",将深度改变生活、改变社会,促进在线教育、远程办公、多视角直播视频、云游戏、4K/8K、VR/AR 等业务的蓬勃发展,促进工厂智能制造、交通智能管理、矿山无人开采、港口智慧调度等整个行业的数字化转型。

随着 4K/8K、VR/AR 等业务的普及,全光接入网的接入制式将从 10G PON 演进到未来 50G PON 时代。ITU-T 50G PON 标准 G.9804 已经于 2021 年初发布,将牵引和推动 50G PON 产业逐步发展和成熟。

随着全光接入网络基础设施的普及,光纤基础资源已经进入千家万户,未来必将进入千行百业,实现百兆、千兆连接能力。随着网络应用的发展,用户对应用体验会提出更高要求,驱动网络覆盖从千兆入户演进到千兆覆盖到每个房间,每个角落,牵引光纤部署到每个房间,每个角落,彻底消除网络接入入口瓶颈。

未来将以新一代智能分布式 OLT、可感知细分场景业务的智能加速 ONT 和智能管控析平台构成云、边、端全智能的接入网,提供智能真千兆、智能精准运营、智能弹性规划三大能力,为用户提供真千兆宽带、高品质宽带体验,同时还能够感知业务质量并为运营商提供极致体验保障,提升运维、运营和规划效率,支撑 F5G 固定宽带网络满足人们对未来更美好信息生活的需要,并通过光联万物促进行业向数字化、智慧化方向发展。

附录

专业术语

缩　写	英文全称	中文名称
ADSL	Asymmetric Digital Subscriber Line	非对称数字用户线路
AI	Artificial Intelligence	人工智能
API	Application Programming Interface	应用编程接口
App	Application	应用程序
AR	Augmented Reality	增强现实
ASIC	Application-Specific Integrated Circuit	专用集成电路
ATB	Access Terminal Box	接入终端盒
BE	Best Effort	尽力而为
BFD	Bidirectional Forwarding Detection	双向转发检测
BGP	Border Gateway Protocol	边界网关协议
BNG	Broadband Network Gateway	宽带网络业务网关
BRAS	Broadband Remote Access Server	宽带远程接入服务器
CAPEX	Capital Expenditure	资本支出
CATV	Cable TV	有线电视
CE	Customer Edge	用户边缘设备
CLEC	Competitive Local Exchange Carrie	有竞争力的本地交换运营商
CLI	Command-line Interface	命令行视图
CO	Central Office	中心局
CoS	Class of Service	服务类别
CPU	Central Processing Unit	中央处理单元
CRC	Cyclical Redundancy Check	循环冗余码校验
CRM	Customer Relationship Management	客户关系管理
CSMA/CD	Carrier Sense Multiple Access with Collision Detection	载波侦听多址访问/冲突检测
CT	Communication Technology	通信技术
CTB	Customer Terminal Box	用户终端盒
DA	Destination Address	目的 MAC
DBA	Dynamic Bandwidth Assignment	动态带宽分配
DQ ODN	Digital QuickODN	数字化 QuickODN

缩　写	英文全称	中文名称
DR	Designated Router	指定路由器
DSCP	Differentiated Services Code Point	区分服务编码点
DSL	Digital Subscriber Line	数字用户线
DTLS	Datagram Transport Layer Security	数据报传输层安全
ECMP	Equal-cost Multi-path	等价路由负荷分担
EDC	Edge Data Center	边缘数据中心
eMDI	Enhanced Media Delivery Index	增强媒体传输质量指标
EoW	Ethernet over WDM	WDM 承载的以太网
EPON	Ethernet Passive Optical Network	以太网无源光网络
EqD	Equalization Delay	均衡延时
EVPN	Ethernet Virtual Private Network	以太网虚拟私有网络
FANS	Fixed Access Network Sharing	固定接入网络共享
FAT	Fiber Access Terminal	分纤箱
FBT	Fused Biconical Tapered	熔融拉锥式
FCAPS	Fault，Configuration，Accounting，Performance，Security	故障、配置、计费、性能和安全
FCS	Frame Check Sequence	帧检验序列
FDT	Fiber Distribution Terminal	光缆交接箱
FPGA	Field Programmable Gate Array	现场可编程门阵列
FRR	Fast Reroute	快速重路由
FTP	File Transfer Protocol	文件传输协议
FTTC	Fiber to the Curb	光纤到路边
FTTH	Fiber to the Home	光纤到家庭
FTTO	Fiber to the Office	光纤到办公室
GE	Gigabit Ethernet	千兆以太网
GEM	GPON Encapsulation Mode	GPON 封装模式
GPB	Google Protocol Buffer	谷歌混合语言数据标准
GPON	Gigabit-capable Passive Optical Network	千兆比特无源光网络
GPU	Graphics Processing Unit	图形处理器
gRPC	Google Remote Procedure Call	谷歌远程过程调用
HC	Home Connect	ODN 网络入户段
HLD	High Level Design	概要设计
HP	Home Pass	机房到用户接入点
HSI	High-speed Internet	高速上网
HTTP	Hypertext Transfer Protocol	超文本传输协议
IGP	Interior Gateway Protocol	内部网关协议
IEEE	Institute of Electrical and Electronics Engineers	电气电子工程师协会

缩　写	英文全称	中文名称
ILEC	Incumbent Local Exchange Carrier	本地交换运营商
IoT	Internet of Things	物联网
IP	Internet Protocol	因特网协议
IP FPM	IP Flow Performance Measurement	IP 流性能测量
IPG	Inter-packet Gap	包间隔
IPoE	Internet Protocol over Ethernet	以太网承载 IP 协议
IPv6	Internet Protocol version 6	第六版因特网协议
ISDN	Integrated Services Digital Network	综合业务数字网
ISIS	Intelligent Scheduling and Information System	智能型排程与信息系统
ISPF	Incremental Shortest Path First	增量最短路径优先
ISSU	In-Service Software Upgrade	在线业务软件升级
ITU-T	International Telecommunications Union-Telecommunication Standardization Sector	国际电信联盟-电信标准部
LACP	Link Aggregation Control Protocol	链路聚合控制协议
LAN	Local Area Network	局域网
LLD	Low Level Design	详细设计
LLID	Logical Link Indentifier	逻辑链路标识
LLU	Local Loop Unbundling	本地环路开放
LSP	Link State Protocol	链路状态协议
L2VPN	Layer 2 Virtual Private Network	二层虚拟专用网
MDA	Model Driven Architecture	模型驱动的架构
MDI	Media Delivery Index	媒体传输质量指标
MDU	Multi-Dwelling Unit	多住户单元
ME	Maintenance Entity	维护实体
MEC	Mobile Edge Computing	移动边缘计算
MEP	Maintenance Entity Group	维护实体组
MP	Multilink Protocol	多链路协议
MPLS	Multiprotocol Label Switching	多协议标记交换
MP2MP	Multipoint-to-Multipoint	多点到多点
MS-OTN	Multi-Service Optical Transport Network	多业务光传送网络
MSTP	Multiple Spanning Tree Protocol	多生成树协议
NGPON	Next Generation PON	下一代 PON 网络
NNI	Network-to-Network Interface	网络-网络接口
NQA	Network Quality Analysis	网络质量分析
NSP	Network Service Provider	网络服务供应商
OAI	Optical Artificial Intelligence	光路人工智能
OAM	Operations Administration & Maintenance	操作管理维护

续表

缩　　写	英文全称	中文名称
ODF	Optical Distribution Frame	光分配架
ODN	Optical Distribution Network	光分配网络
ODU	Optical channel Data Unit	光通道数据单元
OLT	Optical Line Terminal	光线路终端
OMCI	ONU Management and Control Interface	光网络终端管理控制接口
ONT	Optical Network Terminal	光网络终端
ONU	Optical Network Unit	光网络单元
OPEX	Operating Expense	运营支出
OSP	Outside Plant	外线施工
OSPF	Open Shortest Path First	开放式最短路径优先
OSS	Operations Support System	运营支撑系统
OSU	Optical Switch Unit	光开关单元
OTDR	Optical Time Domain Reflectometer	光时域反射仪
OTN	Optical Transmission Network	光传输网
OXC	Optical Cross-connect	光交叉连接
PBB	Provider Backbone Bridge	运营商骨干网桥
PBX	Private Branch Exchange	小交换机
PCC	Path Computation Client	路径计算客户端
PCE	Path Computation Element	路径计算单元
PCECC	Path Computation Element Central Control	路径计算单元集中控制
PCECP	Path Computation Element Communication Protocol	路径计算单元通信协议
PdM	Predictable Maintenance	可预测性维护
PE	Provider Edge	运营商边缘
PLC	Planar Lightwave Circuit	平面光波导
PM	Performance Monitoring	性能监控
PMD	Physical Media Dependent	物理媒介相关层
P2MP	Point-to-Multipoint	一点到多点
PON	Passive Optical Network	无源光网络
POP	Point of Presence	访问点
POTS	Plain Old Telephone Service	传统电话业务
P2P	Point-to-Point	点到点
PPPoE	Point-to-Point Protocol over Ethernet	以太网承载 PPP 协议
PRC	Partial Route Calculation	部分路由计算
PSTN	Public Switched Telephone Network	公共电话交换网络
PvM	Preventive Maintenance	预防性维护
QAM	Quadrature Amplitude Modulation	正交幅度调制
QoS	Quality of Service	服务质量

缩　　写	英文全称	中文名称
R2F	Run-to-Failure	运行时失效
RH	Routing Header	路由扩展头
RLFA	Remote Loop-free Alternate	远端无环备份路径
ROI	Return on Investment	投资回报
RPC	Remote Program Call	远程程序呼叫
RR	Receiver Report	接收者报告
RRU	Remote Radio Unit	射频拉远单元
RSP	Rendered Service Path	物理链
RTD	Round Trip Delay	环路时延
SA	Source Address	源 MAC
SDH	Synchronous Digital Hierarchy	同步数字体系
SDN	Software-Defined Networking	软件定义网络
SFTP	Secure File Transfer Protocol	安全文件传输协议
SID	Segment Identifier	服务识别码
SIEPON	Service Interoperability in Ethernet Passive Optical Networks	以太网无源光网络中的业务互操作性
SLA	Service Level Agreement	服务水平协议
SLD	Start of LLID Delimiter	LLID 起始定界符
SMI	Structure of Management Information	管理信息结构
SMP	Service Mapping Poin	业务映射节点
SN	Sequence Number	序列号
SNMP	Simple Network Management Protocol	简单网络管理协议
SPL	Splitter	光分路器
SR	Segment Routing	段路由
SRH	Segment Routing Header	段路由扩展头
SRv6	Segment Routing over IPv6	基于 IPv6 转发平面的段路由
TC	Transmission Convergence	传输汇聚
TC	Traffic Class	流量等级
TCP	Transmission Control Protocol	传输控制协议
TDM	Time Division Multiplexing	时分复用
TDMA	Time Division Multiple Access	时分多址
TE	Traffic Engineering	流量工程
TLS	Transport Layer Security	传输层安全协议
TPU	Tensor Processing Unit	张量处理器
TTM	Time to Market	上市时间
TWAMP	Two-Way Active Measurement Protocol	双向主动测量协议

续表

缩 写	英文全称	中文名称
TWDM PON	Time Wavelength Division Multiplexing Passive Optical Network	时分波分堆叠复用 PON
UI	User Interface	用户界面
UNI	User-Network Interface	用户-网络接口
VDSL	Very-high-data-rate Digital Subscriber Line	超高速数字用户线路
VLAN	Virtual Local Area Network	虚拟局域网
VM	Virtual Machine	虚拟机
VNF	Virtual Network Function	虚拟网络功能
VNFM	Virtualized Network Function Manager	虚拟网络功能管理器
VoIP	Voice over Internet Protocol	基于 IP 的语音传输
VPLS	Virtual Private LAN Service	虚拟专用局域网业务
VPN	Virtual Private Network	虚拟专用网
VPWS	Virtual Private Wire Service	虚拟专用线路业务
VR	Virtual Reality	虚拟现实
VRF	Virtual Routing and Forwarding	虚拟路由转发
VULA	Virtual Unbundled Local Access	虚拟非捆绑本地访问
VXLAN	Virtual Extensible Local Area Network	虚拟扩展局域网
WAN	Wide Area Network	广域网
WDM	Wavelength Division Multiplexing	波分复用
XG-PON	10 Gigabit-Capable Passive Optical Network	非对称 10 吉比特无源光网络
XGS-PON	10 Gigabit-Capable Symmetric Passive Optical Network	对称 10 吉比特无源光网络
XSLT	eXtensible Stylesheet Language Transformation	可扩展样式表语言转换
XML	eXtensible Markup Language	可扩展标记语言
ZTP	Zero Touch Provisioning	零接触配置